おはなし
科学・技術シリーズ

石油のおはなし

/その将来と技術/

改訂版

小西　誠一　著

日本規格協会

まえがき

　初版から 10 年になり改訂版を出すことになりました．
　この 10 年で，石油をめぐる情勢は大きく変わりました．石油のおもな用途はエネルギーと工業材料（プラスチックなどの石油化学製品）ですが，石油の消費量の大きな割合を占めるエネルギーの分野で，温暖化問題に直面しています．
　温暖化問題は石油の将来を左右する最大の要素です．温暖化への取組みではエネルギーの利用効率の向上と非化石エネルギーの導入が中心課題です．非化石エネルギーとして新エネルギーの開発が進められています．しかし新エネルギーが化石燃料なみにエネルギーの相当割合を分担するようになるにはかなり長い年月を要すると考えられます．また太陽光や風力で現在のエネルギーシステムをすべて置き換えることは不可能ですし，自然エネルギーの利用だけではエネルギーの大きな需要に応えるには力不足です．
　21 世紀は化石燃料や原子力の利用効率（省エネ，利用率）を向上し，それに新エネルギーを加えて低炭素社会を実現していくことが重要です．
　石油は，今日，輸送用エネルギーをほぼ独占するなどで，エネルギーの主役を続けていますが，中長期のエネルギー需給の見通しでは 2030 年においても石油がエネルギーの首座を続けることが想定されています．20 世紀後半の工業社会の驚異的な急成長をエネルギーと工業材料の面から推進した石油は 21 世紀も主要な存在を続けることになります．

改訂版では，このような石油の正しい姿を理解してもらうために，第1章で石油が現在直面しているさまざまな課題とその将来について概観し，第2章以下で，石油の成因と歴史，石油の化学，資源と採収，精製と製品，石油を原料とする高分子製品について記述します．各章の記述には，この10年の変化を反映させ，また最近の動向の要約なども加えました．

　執筆には多くの資料，文献などを参考にさせていただきました．関係の方々に深甚の謝意を表します．また本書の出版についてお世話になった日本規格協会出版事業部の藤井雅之氏，伊藤宰氏，石油連盟技術環境安全部の西川輝彦氏に深く感謝します．

2010年1月

小西　誠一

目　　次

まえがき

1. 石油の将来
　　　── 21世紀はどうなるか
  1.1　石油をめぐる情勢　9
  1.2　エネルギーシステムと石油──石油の位置づけ　11
  1.3　温暖化への対応と化石燃料　13
  1.4　石油の資源──石油生産のピークはいつごろくるか　17
  1.5　原油価格の高騰
　　　　──石油価格はどのようにして決まるのか　20
  1.6　自動車燃料の将来と石油　23
　　（1）　自動車保有台数の伸び　24
　　（2）　自動車の将来　24
　　（3）　自動車燃料の将来──石油に代わる液体燃料はあるか　26
  1.7　石油の将来──2030年の見通し "世界と日本"　28
　　（1）　世界の2030年のエネルギー消費の見通し　28
　　（2）　日本の2030年のエネルギー消費の見通し
　　　　　──ケース・スタディ　30

2. 石油の歴史と現在
  2.1　石油の誕生と油田──石油の生まれと育ち　35
　　（1）　石油の成因　35

（2）　油田の形成と構造　　40
2.2　石油の発見と利用技術の歴史　　44
2.3　石油の現在——現代社会を支える石油　　50
　　　（1）　エネルギー——燃料油　　50
　　　（2）　工業材料——石油化学製品"高分子材料"　　58

3.　石油の化学

3.1　石油の成分　　63
　　　（1）　石油の主成分の炭化水素　　63
　　　（2）　石油の少量成分の非炭化水素化合物　　66
　　　（3）　原油の種類　　67
3.2　石油の性質と試験　　68
　　　（1）　密度　　70
　　　（2）　蒸留性状（蒸留試験）　　70
　　　（3）　引火点　　71
　　　（4）　流動点　　71
　　　（5）　粘度　　71
　　　（6）　残留炭素分　　72
　　　（7）　オクタン価とセタン価　　72
　　　（8）　発熱量　　74

4.　石油の採り方

4.1　石油の埋蔵量とその将来——石油の資源と寿命　　77
　　　（1）　在来型石油の埋蔵量と可採年数——石油の寿命　　77
　　　（2）　非在来型石油の埋蔵量——将来の石油の寿命　　81
　　　（3）　世界の地域別の石油埋蔵量と石油消費量
　　　　　——石油は偏在している　　86

4.2　石油の掘削と生産　90
（1）　石油の掘削　90
（2）　傾斜掘り・水平掘り　96
（3）　石油の生産　98

4.3　石油の海洋開発　100

4.4　石油の二次・三次回収——石油の寿命の延長　105

4.5　最近発見・開発された油田——海洋油田　109
（1）　ブラジル——大水深・大深度の油田　110
（2）　アンゴラ——大水深の油田　110
（3）　メキシコ湾　111
（4）　カスピ海　111

5.　石油の精製
——石油製品の製造法

5.1　石油の精製の概要と工程　115
5.2　燃料油の製造工程　122
（1）　蒸留　122
（2）　水素化脱硫法　124
（3）　接触分解法——ガソリンの増収　125
（4）　接触改質法——オクタン価の向上　127
（5）　アルキル化法——ハイオクガソリン材　129

6.　石油の製品
——燃料油（エネルギー）

6.1　石油製品の概要と最近の動向　131
（1）　ガソリン　132
（2）　軽油　133

6.2 石油製品の性質，用途　136
　（1）　LPガス　136
　（2）　ガソリン　138
　（3）　灯油　141
　（4）　ジェット燃料　143
　（5）　軽油　147
　（6）　重油　149

7. 石油からの化学製品
──石油化学製品（工業材料）

7.1 石油化学の概要と基礎製品　153
　（1）　原料から製品への流れと動向　153
　（2）　基礎製品の製造　157
7.2 高分子材料の化学　160
　（1）　高分子化合物の構造　160
　（2）　高分子化合物の性質　162
7.3 石油化学の最終製品
──日常生活を支える高分子材料　166
　（1）　プラスチック　166
　（2）　合成繊維　179
　（3）　合成ゴム　188

参考文献　198
索　　引　201

1. 石油の将来
──21世紀はどうなるか

1.1 石油をめぐる情勢

石油のおもな用途はエネルギー（燃料油）と工業材料（プラスチックなどの高分子製品）です．石油の消費量の大半を占めるエネルギーの分野で，石油をめぐる情勢は大きな変化に直面しています．

18世紀の産業革命以来の化石燃料（石油，石炭，天然ガス）を中心とするエネルギーシステムは，20世紀後半の高度経済成長にともなうエネルギー大量消費の進行により，温暖化の問題と資源枯渇の懸念を招いて，その対応が21世紀のエネルギーを左右する最大の問題になってきています．

本書『石油のおはなし』の冒頭は"21世紀はどうなるか"という石油の将来の話から始めることにします．

21世紀の石油の将来を左右するおもな問題を次にあげます．1章では，これらの問題について実情と見通しをさぐり，21世紀前半の石油の将来の姿を想定することにします．

① 温暖化防止のシナリオ

化石燃料からの二酸化炭素の排出量を削減して低炭素社会を実現するため，世界は化石燃料を抑制し非化石エネルギーを開発導入することに取り組んでいます．それには，どのようなシナリオが現実的に可能なのでしょうか．石油の将来を左右する最も大きな問題です．

② 石油の資源—石油生産のピークはいつごろになるのか

石油の生産量が，やがてピークを迎え，あとは下降線をたどるという"石油生産のピーク論"が，さかんに議論されていますが，議論は楽観論と悲観論に大きく分かれています．石油の生産がピークを迎えるのはいつごろと考えればよいのでしょうか．

③ 新エネルギーの開発・導入—太陽・風力・バイオ

非化石エネルギーとして期待されるものは原子力と新エネルギーです．世界は，最近，新エネルギーの開発・導入に大変積極的に取り組んでいます．おもなものに太陽光発電，風力発電，バイオ燃料があります．これらは，いつごろ，どのくらいの量が期待できるのでしょうか．

④ エネルギー総量の伸び—新興国の伸びと省エネによる抑制 21世紀前半の見通し

世界のエネルギー総量は，中国やインドなどの新興国の急速な経済成長にともない伸びています．一方，先進国はエネルギー効率の向上（省エネ）によるエネルギー消費の抑制に積極的に取り組んでいます．エネルギー総量の伸びは，どのように予測されるのでしょうか．

⑤ 原油価格の高騰・変動—石油の市場と価格決定のメカニズム

原油価格は2004年ごろから上昇し，2008年中ごろに異常な高騰を招いたあと，一転して急落に転じました．原油価格の高騰は石油製品価格の急上昇を招き，日本でもガソリン価格の上昇が，その消費を減少させました．原油価格は今後どのようになると考えられるのでしょうか．

⑥ 自動車燃料の将来

自動車燃料は石油の最も主要な用途で，石油消費で高い割合を占めています．自動車の動向は石油の将来を左右する大きな要素です．

自動車には，温暖化防止への取組みとして，燃費向上，バイオ燃料利用，ハイブリッド車や電気自動車の導入が進められています．今後どのようになるのでしょうか．

1.2 エネルギーシステムと石油——石油の位置づけ

石油を取り巻く諸問題をみていく前に，エネルギーの流れにおける石油の位置と特長について確認しておきます．

自然に存在しているエネルギー資源を一次エネルギーといい，それを利用しやすい形に変えたエネルギーを二次エネルギー（あるいは最終消費エネルギー）と呼んでいます．

一次エネルギーは次の4種類に分類されます．

① 化石エネルギー……石油，石炭，天然ガス，オイルサンドなどの化石燃料
② 原子核エネルギー…原子力（核分裂エネルギーと核融合エネルギー）
③ 自然エネルギー……水力，地熱，太陽，風力，波力など
④ 生物エネルギー……バイオマス（植物などを利用するエネルギー，バイオ燃料など）

二次エネルギーは次の4種類です．

電力，ガス，石油製品，石炭・コークス

また，これらのエネルギーが大規模・大量に利用されるおもな条件は次のとおりです．

① エネルギー密度が高い（化石燃料では発熱量の大小）
② 利用しやすい
③ コストが安い

今日，この条件を満たすものとして主要な一次エネルギーは石油，

石炭，天然ガスで，そのほか原子力，水力です．温暖化問題や資源の問題からは自然エネルギーとバイオマスが望ましいわけですが，今日，やや大量に利用されているのは水力のみです．水力以外は大量に利用される前提となる上記の条件を十分には満足していません．

自然エネルギーとバイオマスは再生可能エネルギーと呼ばれますが，日本では新エネルギーと呼ばれていて，その場合は水力の大規模利用は含めていません．

なお，エネルギーが利用される最終的な形態は熱（熱エネルギー），動力（力学エネルギー）および電気（電磁気エネルギー）です．

また，エネルギーが利用されるおもな用途は，産業用，運輸用（輸送用），民生用（家庭用と業務用に分けられる）の3分野または4分野（家庭と業務を分けた場合）に大別されます．

一次エネルギーが消費されるフローは，概略，**表 1.1** のとおりです．

石油は，エネルギーが利用される条件のなかの"利用しやすい"ことで，最も優れています．熱，動力，電気の3つの利用形態のい

表 1.1 エネルギーのフロー

一次エネルギー	二次エネルギー	用途(最終消費)	
石　油	石油製品	産　業	鉄鋼，化学，セメント，紙・パルプの順
石　炭	石炭・コークス	運　輸	自動車が86.9%（日本，2007）
天然ガス	電　力	民　生	家庭は，動力・照明，給湯，暖房の順 業務は，動力・照明，暖房，給湯の順 （事務所・ビル，小売，病院，ホテルの順）
原子力	ガス		
水　力			

ずれにおいても有利であり,また,産業,運輸,民生のあらゆる用途で利用しやすいエネルギーで,エネルギーの主役に位置しています.石油は常温・常圧で液体であることで輸送・貯蔵などの取扱いが便利です.移動用・可搬式エネルギーとして,自動車,航空機,船舶の燃料を独占し,運輸用エネルギーの100%近くを占めています.

1970年代のオイルショックのあと,西側先進国OECD(経済協力機構)で設立された国際エネルギー機関(IEA)は,加盟国に,熱だけを単純に利用する発電用への石油の利用を抑制することを求めました.それ以後は日本でも石油火力発電所の建設は抑制されています.

新エネルギーでは,太陽,風力が発電用(太陽には熱利用もありますが,発電が主です)といっても,石油の代替は困難です.バイオ燃料が石油の代替として期待されていますが,現在の原料は食料と競合することが問題になり,非食料を原料とする開発が進められています.バイオ燃料の利用は,現在,多くの国で積極的に取り組まれていますが,原料植物に恵まれた一部の農業大国以外は期待できる利用量は限られ,コストなどの課題もあり,石油の代替として多くは期待できません.

1.3 温暖化への対応と化石燃料

世界は,今日,温暖化への取組みを,おもに二つの面から進めています.

第1は,国連に設けられた"気候変動に関する政府間パネル"〔IPCC(Intergovernmental Panel on Climate Change)〕,(各国の専門家が参加)による温暖化の予測と対策の世界の科学的研究のとり

まとめです.

第2は,"気候変動枠組条約"による温室効果ガス排出量削減の国際的取決めです.

IPCCの4次報告(2007年)では,人類が受け入れられる許容温度上昇を2.6〜3.6℃とし,そのための二酸化炭素排出量抑制のシナリオを表1.2のように作成しています.そのシナリオⅡでは,二酸化炭素排出量がピークを迎えるべき時期を2000〜2020年とし,2050年には排出量を2000年の−60〜−30%にまで大きく削減すれば大気中の二酸化炭素の濃度は490〜535 ppmで安定化され,気温上昇は2.4〜2.8℃になるというものです.

このシナリオⅡによれば,世界の化石燃料の消費量は,炭素換算(石油,石炭,天然ガスの炭素量)で2020年までに現在の増加から減少に転じ,2050年には2000年の−60〜−30%に削減する必要があります.大変きびしく,実現に困難をともなうシナリオになっています.

一方,気候変動枠組条約では,毎年,締約国会議を開催しています.1997年に京都議定書を採択し,まず先進国から温室効果ガスの削減に取り組み,2010年(2008〜2012年の平均)の排出量を先進国全体では1990年基準で−5.2%とし,国ごとでは日本−6%,EU−8%,アメリカ−7%などとする目標を決めています.この目

表 1.2 IPCC の二酸化炭素排出量抑制のシナリオ

シナリオ	大気中温室効果ガス,二酸化炭素換算,安定化濃度(ppm)	産業革命前と比べた気温上昇(℃)	二酸化炭素排出がピークを迎えるべき時期(年)	2000年に対する2050年の排出量(%)
Ⅰ	445〜490	2.0〜2.4	2000〜2015	−85〜−50
Ⅱ	490〜535	2.4〜2.8	2000〜2020	−60〜−30
Ⅲ	535〜590	2.8〜3.2	2010〜2030	−30〜+5

標達成は EU の一部の国以外は難しい状況です.

京都議定書以降の取組み,ポスト京都については,現在,IPCC のシナリオをもとに,温室効果ガス削減の 2020 年の目標(中期目標)のとりまとめが国際交渉で進められています.各国が現在掲げている 2020 年の目標は**表 1.3** のとおりです.基準年は 1990 年のほかに 2005 年という主張があります.

日本の 2020 年の目標の検討にあたっては 2005 年比 –4%から –30%まで 6 つの選択肢が提案され,そのうち当初は選択肢 3(2005 年比 –14%)に近い –15%が決定されましたが,政権交代で一番高い選択肢 6(2005 年比 –30%)に相当する目標に変更されたものです.選択肢 3 と 6 の考え方を**表 1.4** に示します.

選択肢 3 は,あとで 1.7 節にあげる経済産業省の 2030 年のエネ

表 1.3 温室効果ガス―各国が掲げる中期目標(2020 年)

	2005 年比(%)	1990 年比(%)
EU 全体	–13	–20
ドイツ	–27	–40
イギリス	–23	–34
アメリカ	–17	–5
日本	–30	–25

表 1.4 2020 年における日本の削減目標の選択肢

	2005 年比(%)	1990 年比(%)	考え方
選択肢 3	–14	–7	経済産業省の長期エネルギー需要見通しの最大導入ケースを改定,最高効率の機器を現実的な範囲で最大限導入
選択肢 6	–30	–25	新規・既存のほぼすべての機器を最高効率の機器とすることを義務づけ,炭素税・排出権取引など導入

ルギー需給見通しの最大導入ケースにほぼ相当するものです．選択肢6は最高効率の機器を新規のみならず，既存機器にもほぼすべて導入するというもので，実現性には疑問がある目標です．

日本の2020年の25%削減目標達成（1990年比）のシナリオについて一例をあげます．

シナリオは，内訳として，産業−5%，民生・運輸−11%，原子力・太陽光−4%，森林吸収など−5%で合計−25%とするもので，民生・運輸での温室効果ガス排出量は全体の約55%を占めるので，−11%は−20%になります．そして現在の最高効率の技術・機器の導入・採用により−20%を達成可能とするもので，建物の断熱（二重窓化など），ヒートポンプ式給湯器，高効率の家電・情報機器，エコカーの採用などによります（小宮山宏：読売新聞，2009.10.16，朝刊）．石油に関係が大きい運輸は−20%ということで，エコカー導入などで20%の削減を達成することになります．

このシナリオは興味ある提案ですが，実は2008年の温室効果ガス排出の実績は1990年比で産業は−4%，民生・運輸は逆に＋31%（民生＋40%，運輸＋28%）なので，非常に大きな投資が必要になり，あと10年という期限では，それを可能にする仕組みと消費者の理解を得るのは至難です．

他方，2020年時点を見据えてエコカーの導入でガソリン消費がどの程度まで減ることになるかを試算した一例では−10%としています．2020年の乗用車の保有台数は5 800万台(2009年3月は5 768万台)，販売台数は460万台でHV（ハイブリッド車）23%，EV（電気自動車）6%を想定しています．現在の車の平均使用年数は11年余りなので，2009年以降の車は現役で走っていると想定しています（**表1.5**）．

HVはガソリン消費が−50%，EVはゼロとして算出しています．

表 1.5 エコカー導入の試算例

	2009 年	2020 年	2009〜2020 年累計
HV	3.5 万台	105 万台	830 万台
EV	0.1 万台	30 万台	165 万台

そして乗用車の保有台数は現在の横ばいで5 800万台と想定し，エコカーによるガソリンの需要減少は10%と計算されています（池原照雄：日経ビジネス・オンライン，2009.10.1）．

さらにエコカー以外の主力のガソリン車では，燃費規制の2015年基準は2004年実績より23.5%の改善を求めているのでエコカーと合わせて20%程度の削減は可能となりますが，乗用車の保有台数はまだやや伸びるという見通しになっています（1.6節参照）．ところが，最近の実績を1990年基準でみれば，運輸は上記のとおり+28%ということで，これは1990年比では，燃費の規制による改善効果より車の保有台数の増加がはるかに大きいことの結果です．

今後の温暖化への取組みは，気候変動枠組条約の締約国会議で2020年の目標がどのように決まるかが石油の将来に大きな影響を及ぼすことになります．

上記のシナリオや試算では20%削減が可能としていますが，あと10年という期限では石油の減少は現在の10%程度というのが現実的と考えられます．温室効果ガス25%削減には海外からの排出枠購入などが必要になります．

1.4 石油の資源
——石油生産のピークはいつごろくるか

世界の原油生産がピークを迎える時期についての議論が注目され

ています．

石油は地下にあるすべての量が採取できるわけではなく，技術的に，経済的に採取できる量は限られます．石油の埋蔵量という場合は，現在の石油の価格と現在の技術の水準で経済的に採取できると推算された量を表す確認可採埋蔵量，略して確認埋蔵量が使われます．

確認埋蔵量をその年の生産量で割った数字が可採年数で，埋蔵量の指標として使われます．可採年数は新規油田の発見や既存油田の評価替えによる増加と生産量の変化により，増減しながら変動します．既存油田から技術進歩により経済的に回収可能になる埋蔵量が評価替えにより追加され，埋蔵量成長と呼ばれています．近年，技術革新により埋蔵量成長が非常に大きくなってきています．

未発見埋蔵量（新規油田の発見）および将来の埋蔵量成長を推算して，確認埋蔵量に加えた数字が可採埋蔵量と呼ばれています．さらに，可採埋蔵量に現在までの既生産量を加えた数字を究極可採埋蔵量と呼んでいます．これは人類が利用できる全量の推算量です．確認埋蔵量に比べ，可採埋蔵量，究極可採埋蔵量は不確かな数字で，楽観的見方と悲観的見方では大きな相違があります．

究極可採埋蔵量について，発表されている代表的なものにアメリカの地質調査所が2000年に発表した3兆210億バレル（1バレルは0.159 kL）があり，標準的な考えとして国際エネルギー機関（IEA）などで支持されています．一方，フランスの地質学者のキャンベルらは1.8兆バレルという悲観的な数字をあげています．究極可採埋蔵量にいたる各埋蔵量にはいろいろな数字が発表されていますが，アメリカの地質調査所の例を**表1.6**にあげます．

原油の生産は究極可採埋蔵量の半分が生産された段階でピークを迎え，その後は減退していくという生産量推移のモデルがあります

1.4 石油の資源

表 1.6 各種埋蔵量の例

確認埋蔵量	8 910 億バレル
埋蔵量成長	6 880 億バレル
未発見埋蔵量	7 320 億バレル
可採埋蔵量	2.311 兆バレル
可採年数（可採埋蔵量に対し）	77.6 年（2007 年の生産量 298 億バレル）
既生産量（累積生産量）	7 100 億バレル
究極可採埋蔵量	3.021 兆バレル

が，それによれば半分の 1.51 兆バレルが生産されるのは，今後，0.8 兆バレルが生産される時期ですから，現在の生産量で推移するとすれば約 27 年後になります．今日，石油生産のピークは 2030〜40 年という見方が多くあります．

ところで，石油資源には在来型と呼んでいる通常の原油のほかに，非在来型と呼んでいる大量のオイルサンドや重質原油がカナダやベネズエラなどにあり，これらの資源量は 1.4 兆バレルと見積もられていて，その一部はすでに生産・利用されています．この非在来型の石油資源が可採量としてどの程度まで期待できるかは不明ですが，その利用が進めば，石油生産のピークは 2050 年まで延びる可能性があるとする楽観的な見方があります．非在来型の石油については 4.1 節（2）で述べます．

一方，キャンベルらの悲観的見方では，未発見埋蔵量と埋蔵量成長を考慮せずに究極可採埋蔵量を 1.8 兆バレルとし，すでに石油生産のピークは始まっているとしています．しかしこの悲観論については多くの専門家が現実的シナリオではないとしています．

石油生産のピークは 2030 年以降とする見方が多くの専門家に支持されています．

図 1.1 は石油生産のピークの見方の比較を示したものです．

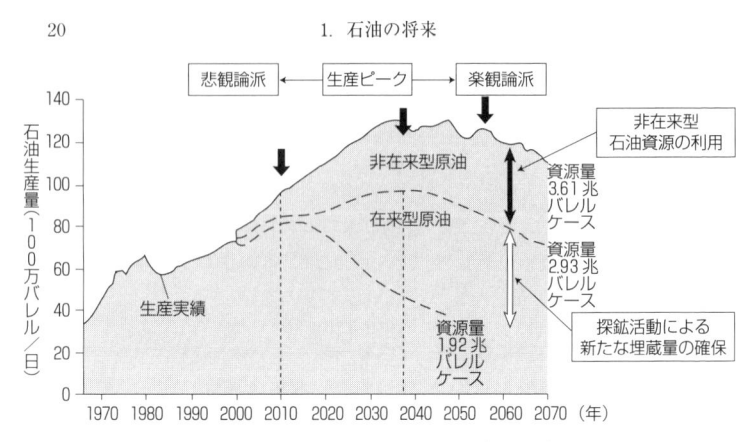

図 1.1 石油生産のピークと資源量[1]

1.5 原油価格の高騰
——石油価格はどのようにして決まるのか

　石油ビジネスは世界で最大のビジネスで，石油は世界で取引される商品の中で，量と金額が最大のものです．

　原油価格は，本来は需要と供給が均衡するところで決まるもので，需給が逼迫すれば価格が上昇します．したがって，一般的には消費国の石油在庫と原油価格の間には相関関係があります．しかし，原油価格には，経済危機，産油国の政情不安，ハリケーンによる供給力低下などさまざまな供給不安の懸念が影響を与えて大きく変動してきています．価格が大きく上昇すれば，消費は減少します．

　原油価格は，1970年代のオイルショックまではメジャーが支配していて安定していました．しかし，その後は OPEC (Organization of the Petroleum Exporting Countries：石油輸出国機構) が加盟国

に生産量を割り当てる生産管理を行うようになり，メジャーのように強力な管理は行えずに，価格は徐々に市場にゆだねられるようになりました．

中東産油国は一定価格算定方式を定めていますが，80年代になると，OPECの価格管理能力の低下，欧米市場で原油先物取引開始，各国の規制緩和による石油輸入の自由化，商品先物の金融商品化などが順次進みました．

世界の原油取引は，消費地ごとにアジア，北米，欧州に分けられ，価格算定の基準になる"指標原油"がそれぞれ定められています．アジアはドバイ原油，北米はWTI原油（ウエスト・テキサス・インターメディエート原油），欧州は北海のブレンド原油が，それぞれ指標原油になっています．

原油取引には，現物の取引と先物の取引があり，アメリカは先物取引が大きく，欧州は現物取引と先物取引が同じように行われ，アジアは現物取引が多くなっています．アジアは中東原油への依存度が60%と高く，中東産油国の国営石油会社が主導権を握っていることに関係しています．

先物取引所には，石油の生産・販売会社（当業者）のほか，投機を目的とした投資会社・個人投資家および需要家（電力会社など）の非当業者が参加しています．ニューヨーク商品取引所NYMEX（New York Mercantile Exchange）で取引されるWTI原油の先物市場には，近年，世界的に低金利が続くなかで，株式や債券などでの運用収益の伸び悩みから運用先を商品先物市場に求める流れが続き，短期的な利ざや稼ぎの投機的資金に加え，年金基金などの資金も大量に流入して，NYMEXの取引規模は年々大きくなり，世界の原油需要量の5倍以上にまで成長しました．

北米，欧州，アジアの3つの市場は連動していますが，そのなか

でリーダーとなっているのが北米市場 NYMEX です．そして原油の現物取引の価格は先物取引の価格が指標になって形成されます．

2004 年ごろから原油価格が石油在庫との相関関係から乖離し始め，2005 年以降，その乖離の程度はますます大きくなり，2008 年 7 月には WTI 原油は一時 145 ドル/バレルを記録しました．これは先物市場における投機マネーや年金基金の流入の動きを反映したもので，8 月以降は WTI 原油価格は一転して急落に転じ，100 ドル/バレル以上の急落を記録しました．これは景気後退による石油需要の減少が見込まれたことに加え，金融危機による投機マネーの流出によるものです．

アジアのドバイ原油，欧州のブレンド原油についても WTI の影響を受け，大幅な価格の上昇と下落を記録することになりました．原油価格の高騰は石油消費を減少させ，景気の減速を招く原因になりました．

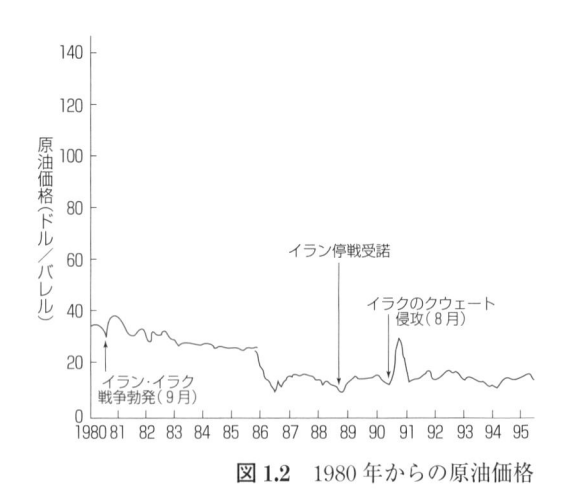

図 1.2 1980 年からの原油価格

しかし，原油価格は先物市場の動向によって，石油の需給状態から大きく外れることはあっても，長期的には，需給関係を反映した水準に落ち着くものと考えられます．また，長期的には，徐々に上昇するという観測がありますが，IEA では 2020 年 55 ドル/バレル，2030 年 58 ドル/バレルと予想しています．**図 1.2** は 1980 年からの原油価格の推移です．

1.6 自動車燃料の将来と石油

石油の最も主要な用途は自動車で，自動車燃料が石油の消費量に占める割合は，日本では 40% 以上，EU では 50% 以上，アメリカでは 70% 以上に達しています（表 5.3）．自動車燃料の将来は石油の将来を大きく左右します．

世界では，中国やインドなど人口の多い新興国で，急速な経済成

の推移（月平均）[2)]

長・生活水準向上を背景に,自動車の普及が大きく進み始め,自動車燃料の需要が増大し石油消費量を押し上げつつあります.

一方,先進国では,温暖化対策や石油輸入量抑制・エネルギーセキュリティから,政府の主導で自動車燃料の石油依存率の低減に取り組み始めています.日本では自動車の石油依存率を2030年には80%に下げる目標がかかげられ,アメリカでは自動車燃料にバイオエタノールの導入が進められています.また,自動車の燃料消費量の抑制・燃費向上への取組みの重要性が注目され,各国とも政府による自動車の燃費基準の引上げが積極的に進められています.

さらに,次世代の自動車として電気自動車や燃料電池車の開発・導入が進められています.

このような自動車燃料を取り巻く問題とその将来の予測について,次にあげます.

(1) **自動車保有台数の伸び**

世界の自動車保有台数は,エネルギー経済研究所の見通しでは,中国,インドなどの大きな伸びにより2030年には2005年の9億台弱から2倍に近い17億6000万台に増加すると予測しています.日本は2030年は2005年の7400万台からわずかに伸びて7800万台と予測されています.**表1.7**にエネルギー経済研究所の自動車保有台数の見通しを示します.

(2) **自動車の将来**

次世代の自動車の代表として電気自動車と燃料電池車があり,導入が進められています.また次世代自動車への中継ぎとしてエンジンと電池・モータを組み合わせたハイブリッド車があります.ハイブリッド車はガソリン車の燃費を大きく向上し,価格は比較的低く抑えることに成功していて,今後相当期間は環境対策車(エコカー)の中心を占め続けると考えられます.

1.6 自動車燃料の将来と石油

表 1.7 世界の自動車保有台数の見通し[3]

単位 万台

	2005 年	2020 年	2030 年	年平均伸び率(%) 2030〜2005 年
世　界	89 900	140 800	176 200	2.7
OECD	65 500	82 700	91 800	1.4
非 OECD	2 430	58 100	84 400	5.1
日　本	7 400	7 900	7 800	0.2
中　国	3 200	11 600	23 300	8.3
インド	1 500	5 000	8 600	7.2

2030年の自動車の石油依存率を80%に下げるためには，自動車側からの選択肢としてハイブリッド車と電気自動車が考えられます．燃料電池車はコストや供給インフラなどの課題から一朝一夕に普及するとは考えられません．

日本では，自動車工業会資料によると2006年度のエコカーの台数はハイブリッド車が356 300台で突出して多く，天然ガス車31 450台，電気自動車9 400台などとなっています．天然ガス車は圧縮天然ガスを使うもので，バスやトラックに使われていますが，供給インフラなどの課題がありますし，乗用車の対象にはなりません．電気自動車は充電時間や走行距離などの課題はありますが，都会で限られた範囲を走行する配送車や役所の自家用車などには適していて，今後の伸びが期待されます．

このほか，乗用車のガソリン車からディーゼル車へのシフトの問題があります．欧州では乗用車でディーゼル車が増加し主流になってきています．ディーゼル車は燃費がガソリン車より20〜30%少ないという利点があります．しかし，日本では当面はディーゼル車へのシフトは進みにくいと考えられています．

ハイブリッド車や電気自動車などエコカーの導入は，税制面の軽

減措置などの支援を受けて進められています．今後20～30年は現在のエンジン車が主役を続け，ハイブリッド車がそれに続くと考えられます．エコカーの導入台数を推算した一例は1.3節にあげたとおりです．

（3） 自動車燃料の将来――石油に代わる液体燃料はあるか

運輸用燃料として，液体燃料が欠くべからざるものであり，それを石油が独占していますが，石油代替の液体燃料として，その量は少ないものの，すでに世界で商業化されているものに天然ガスから合成されるGTL(Gas To Liquids)，石炭のガス化・合成によるCTL(Coal To Liquids)およびバイオ燃料があります．

これらの生産量は，石油系燃料に比べれば，現在はわずかですが，最近，注目されているものがバイオ燃料で，多くの国でその導入拡大に向け政府主導で取り組まれています．

バイオ燃料にはガソリン車用（火花点火エンジン用）のバイオエタノールとディーゼル車用（圧縮着火エンジン用）のバイオディーゼル（脂肪酸メチルエステル）があり，それぞれ，おもにガソリンまたは軽油に混合して使用されていますが，単独で使用される場合もあります．混合使用のほうが単独使用よりエンジン側の変更・改造が少なくてすみ，かつガソリンとの共通使用が容易です．

バイオエタノールは，原料作物の生産量が世界で突出して多いアメリカ（トウモロコシ）とブラジル（サトウキビ）が世界の大半を占めています．バイオディーゼルはディーゼル車の多いドイツなどEUで多く導入されてますが，導入量はバイオエタノールに比べれば1/10程度にすぎません．原料はナタネ油，大豆油，パーム油がおもなものです．いずれも生産量が増加するにともない原料が食料と競合することが問題になり，非食料の植物からつくる開発が進められていますが，生産工程が複雑，コストが高いなどの課題があり，

その見通しは不明です．いずれにせよ，原料植物に恵まれた一部の農業大国以外は導入量は限られたものになります．

日本では，原料植物に恵まれず，当面は政府主導でおもに輸入に頼ることで導入が進められていて，導入量は政府の取組みしだいですが，多くは期待できません．2030年の自動車燃料の石油依存率を80％に低減する計画の一部を担当することになります．

次に，GTLは，天然ガスからつくる液体燃料です．天然ガスから合成ガス（水素と一酸化炭素の混合ガス）をつくり，このガスをフィッシャー法という合成反応でパラフィン系の炭化水素に替え液体燃料をつくるもので，灯油，軽油，ジェット燃料などに適した合成燃料が得られます．軽油の代替には適していますが，パラフィン系の炭化水素であるのでオクタン価が低く，ガソリンには適しません．

天然ガスは輸送・貯蔵にコストがかかり，消費地から遠い中小の産地のものの利用が進みにくい事情がありますが，液体燃料に替えることで利用しやすくなります．マレーシア，中東のカタール，南アフリカなどで商業生産されています．

また，CTLは，石炭からつくる液体燃料で，石炭をガス化（高温で空気と水蒸気を作用させて分解する）して合成ガスをつくり，GTLと同様にフィッシャー法でパラフィン系炭化水素に替えて液体燃料をつくるものです．南アフリカで戦後早くから商業化されています．南アフリカでは原料の褐炭（低質の石炭）が豊富できわめて安いこと，人種政策のため中東から石油の輸入が困難であったこと，という事情によるものです．

CTL，GTLはコストからも石油と競合するのは困難で，特殊な事情のもとで利用が進められていて，当面は，一般に広く使われることは期待できません．しかし，将来，石油の供給が逼迫したり，

価格が高騰したりするようなことがあれば，液体燃料の供給源として有力なものです．

1.7　石油の将来──2030年の見通し"世界と日本"

21世紀前半の石油の見通しを，2030年のエネルギーの見通しの例を参考に，想定することにします．2030年のエネルギー消費の見通しは，世界についてはIEA（国際エネルギー機関）・日本エネルギー経済研究所の展望，日本については総合資源エネルギー調査会（経済産業省）の展望を参考にします．

（1）　世界の2030年のエネルギー消費の見通し

前提条件の例

経済成長	2005〜2030年　平均年率　世界3.1％，日本1.5％，中国6.1％，インド6.1％
原油価格	2006年：64ドル/バレル，2020年：55ドル/バレル，2030年：58ドル/バレル

エネルギー消費量と二酸化炭素排出量は**表1.8**のとおりです．

表1.8　世界のエネルギー消費量と二酸化炭素排出量（2030年)[4]
　　　単位　エネルギーは石油換算億トン，二酸化炭素は炭素換算億トン

	2005年　実績		2030年		平均年伸び率（％）2005〜2030年	
	エネルギー	二酸化炭素	エネルギー	二酸化炭素	エネルギー	二酸化炭素
世　界	103.15	75.43	164.80	117.34	1.9	1.8
OECD	55.48	36.76	69.71	45.41	0.9	0.8
非OECD	47.67	38.67	95.09	71.93	2.8	2.5
日　本	5.30	3.42	5.29	2.97	−0.2	−0.6
中　国	14.94	14.67	31.28	26.47	3.0	2.4
インド	3.79	3.29	10.96	8.43	4.3	3.8

1.7 石油の将来

世界のエネルギー消費量は,平均年率 1.9%の伸びで 2005 年石油換算 103 億トンが 2030 年には 164 億トンに大きく増加し,二酸化炭素排出量は,平均年率 1.8%の伸びで 2005 年の炭素換算 75 億トンが 2030 年には 117 億トンに大きく増加します.OECD(経済協力機構:西側先進国)のエネルギー消費の伸びは低いものの,非 OECD(途上国,ロシアなど)が高い伸びで推移します.日本はほぼ横ばいで推移し,中国,インドは大きく伸びます.

一方,化石燃料の消費量は**表 1.9** で,エネルギーに占める化石燃料および石油の割合は**表 1.10** のとおりです.

化石燃料の割合は,世界では 2030 年は 88%でほぼ変わりません

表 1.9 世界の化石燃料消費量(2030 年)[5]

単位 石油換算億トン

	2005 年実績			2030 年			平均年伸び率(%) 2005〜2030 年		
	石油	石炭	天然ガス	石油	石炭	天然ガス	石油	石炭	天然ガス
世 界	38.29	28.90	23.62	56.49	43.98	43.97	1.6	1.7	2.5
OECD	22.49	11.30	12.11	25.72	14.20	17.05	0.5	0.9	1.9
非 OECD	15.80	17.60	11.50	30.77	29.78	26.33	2.7	2.1	3.5
日 本	2.52	1.12	0.71	2.04	0.95	0.83	−0.8	−0.6	0.6
中 国	3.18	10.28	0.40	7.58	17.15	3.55	3.5	1.8	9.1
インド	1.29	2.08	0.29	3.99	4.84	1.46	4.4	3.4	6.7

表 1.10 世界のエネルギーに占める化石燃料および石油の割合(2030 年)

	2005 年実績			2030 年		
	化石燃料 (億トン)	化石燃料 割合(%)	石油割合 (%)	化石燃料 (億トン)	化石燃料 割合(%)	石油割合 (%)
世 界	90.81	88.0	37.1	144.41	87.6	34.3
日 本	4.34	82.1	47.5	3.82	72.2	38.6
中 国	14.46	96.8	21.3	28.28	90.4	24.2

が，日本では 2005 年の 82% から 2030 年は 72% へ低下し，中国では 97% から 90% へ低下します．

石油の消費量は，世界では 2005 年の 38 億トンから 2030 年は 56 億トンに大きく増加しますが，エネルギーに占める割合は 37% から 34% に低下します．日本は 2005 年の 2.52 億トンから 2030 年は 2.04 億トンに低下し，エネルギーに占める割合は 47.5% から 38.6% に低下します．中国は 3.18 億トンから 7.58 億トンへ 2 倍以上に増加します．そして石油は 2030 年もエネルギーの主役を続けます．

この見通しは IPCC のシナリオ（表 1.2）とはかけ離れますし，先進国がかかげる温室効果ガス削減の中期目標（表 1.3）とも離れています．IEA の予測は現状の延長線上の予測で，温室効果ガス削減の中期目標への取組みなどがほとんど考慮されていないと思われるので，今後の温暖化への取組みしだいではシナリオは相当な変化をするでしょう．

（2） 日本の 2030 年のエネルギー消費の見通し
　　　──ケース・スタディ

前提条件の例

経済成長	2005〜2010 年：年率 2.1%
	2010〜2020 年：年率 1.9%
	2020〜2030 年：年率 1.2%
原油価格	2005 年：56 ドル/バレル
	2030 年：100 ドル/バレル
ケース	努力継続ケース：既存技術の延長線上で効率改善について継続努力する
	最大導入ケース：最高効率の機器を現実的な範囲で最大限普及させる

エネルギー消費量と二酸化炭素排出量は**表 1.11** のとおりです．

1.7 石油の将来

表 1.11 日本のエネルギー消費量と二酸化炭素排出量 (2030 年)[6]
 単位 エネルギー:石油換算億 kL, 二酸化炭素:炭素換算億トン

	2005 年実績(割合)	2030 年	
		努力継続ケース	最大導入ケース
総 量	5.87 (100%)	6.01 (100%)	5.26 (100%)
石 油	2.55 (43%)	2.20 (37%)	1.83 (35%)
LPG	0.18 (3%)	0.19 (3%)	0.18 (3%)
石 炭	1.23 (21%)	1.23 (20%)	0.95 (18%)
天然ガス	0.88 (15%)	0.94 (16%)	0.73 (14%)
原子力	0.69 (12%)	0.99 (17%)	0.99 (19%)
水 力	0.17 (3%)	0.19 (3%)	0.19 (4%)
新エネルギー	0.16 (3%)	0.26 (4%)	0.38 (7%)
化石燃料合計	4.84 (82.5%)	4.56 (75.9%)	3.69 (70.2%)
二酸化炭素	12.0	11.44 [−5%] (1990 年比 +6%)	10.26 [−22%] (1990 年比 −13%)

( )はエネルギー総量に占める割合.二酸化炭素の[ ]は 2005 年に対する比率.

日本のエネルギー消費量は,2005 年石油換算 5.87 億 kL が,2030 年には努力継続ケースで 6.01 億 kL に増加し,最大導入ケースでは 5.26 億 kL に減少し,二酸化炭素排出量は努力継続ケースで 12 億トンが 11.44 億トンへ 5%減少し,最大導入ケースでは 10.26 億トンへ 22%減少します.

また,化石燃料がエネルギー消費に占める割合は,2005 年の 82.5%が,努力継続ケースで 75.9%に減少し,最大導入ケースでは 70.2%へ減少します.

石油の消費量は,2005 年の 2.55 億 kL が,2030 年には努力継続ケースで 2.2 億 kL に減少し,最大導入ケースでは 1.83 億 kL に減少し,石油の割合は,2005 年の 43%が努力継続ケースで 37%へ減少し,最大導入ケースでは 35%に減少します.

この見通しは,前の世界の 2030 年の見通しの日本の数字と比べると,化石燃料の割合は世界の見通しの日本が努力継続ケースと最

大導入ケースの中間にあり，石油の割合は世界の見通しの日本が努力継続ケースよりもさらにやや高い数字になっています．

また，この見通しでは石油の消費量は減少が進み，二酸化炭素排出量は努力ケースで5%，最大導入ケースで22%の減少になっていて，最大導入ケースは，前記の温室効果ガス削減の2020年中期目標における2005年比−15%の論拠になっているものです（1.3節）．なお，新エネルギーの割合は努力継続ケースで4%，最大導入ケースで7%ということで，2030年においても化石燃料の一翼を分担するにはいたっていません．

日本の2030年の見通しとしては，努力継続ケースがより現実的な見通しですが，今後の温暖化への取組みしだいでは最大導入ケースに近づくものと想定されます．

このようにして，日本では，2030年に石油がエネルギーに占める割合は，努力継続ケースで37%，最大導入ケースでは35%ということで，石油はエネルギーに占める割合はやや低下するものの，日本のエネルギーの主役に位置し続けることになります．

ここで，世界と日本の見通しの例を参考に，21世紀前半の石油の見通しを想定します．

IEAの2020年の見通しは，先進国の2020年の温室効果ガス削減目標への取組みを考えれば，OECDについては下方修正が必要になりますが，中国など新興国の動向からすれば温室効果ガス排出量がピークを迎える時期は2030年ごろ，IPCCのシナリオⅢ（1.3節）に近いものになると考えるのが現実的と思われます．そして化石燃料，とくに石油が減少に向かうのは2030年以降と考えられます．

一方，日本については，経済産業省の最大導入ケース，2020年の温室効果ガス削減目標の選択肢3（1.3節）に近いこと（1990年

比－7％, 2005年比－14％) が考えられ, 1990年比25％を達成しようとすれば, 海外からの排出枠の購入や森林吸収をフルに利用することになると考えられます. その経済産業省の最大導入ケースでは2030年は石油がエネルギーの35％, 原子力が19％, 新エネルギーが7％を占めるなどとするものです

太陽, 風力などが化石燃料なみにエネルギーの相当割合を分担するようになるには長い年月が必要です. また自然エネルギーの利用だけで既存のエネルギーシステムをすべて置き換えることは不可能ですし, エネルギー需要に応えるには力不足です. 21世紀は化石エネルギーや原子力の利用効率（省エネ, 利用率）を向上し, それに新エネルギーを加えて, 低炭素社会へ変えていくことが必要になります. 21世紀前半の想定としては非化石エネルギーの拡大は徐々に進むものの, 現状のエネルギーシステムが大きくは変わらず, 石油がエネルギーの主役を続けると考えられます.

引 用 文 献

1) 太田陽一 (2008)：ペトロテック (石油学会), Vol.31, No.10, p.758
2) 石油連盟 (2008)：今日の石油産業, p.4
3) 日本エネルギー経済研究所 (2009)：エネルギー・経済統計要覧, 2009年版, p.349
4) 同上, p.341, p.348
5) 同上, p.342〜344
6) 同上, p.320, p.322

2. 石油の歴史と現在

2.1 石油の誕生と油田——石油の生まれと育ち

(1) 石油の成因

石油は何からできているのかといえば,主成分は液体の炭化水素の混合物で,炭素と水素の化合物です.

この石油は,地質学的に堆積盆地といわれる地域の,地下深くに,多孔質のすき間の多い堆積岩(泥や砂などが堆積してできた岩石)の中に層状で存在しています.石油がたまっている岩石を貯留岩といい,石油の層を油層といっています.油層が広く分布しているところが油田です.

油田では,普通,貯留岩の油層の下には水の層があり,油層の上にはガス(気体の炭化水素)の層があります.ガスの層は油田ガスといわれ,天然ガスの一種です.貯留岩の上には石油やガスが逃げないように,すき間のない岩石が堆積しています.これを帽岩といっています.**図 2.1** に油田の構造の模式図を示します.

世界には約 600 の堆積盆地があって,そのうちの約 30% 余りで油田が発見されているということです.油田の約 7 割は深度 1 000 ~3 000 m の地下にあって,中世代の地層(2 億 5 000 万年から 6 300 万年前)に多く存在しています.

このような石油は,何からできたのか,どのようにしてできたのか,そうして油田はどのようにして形成されたのか,について今日確からしいといわれる説について,みていくことにします.なお,

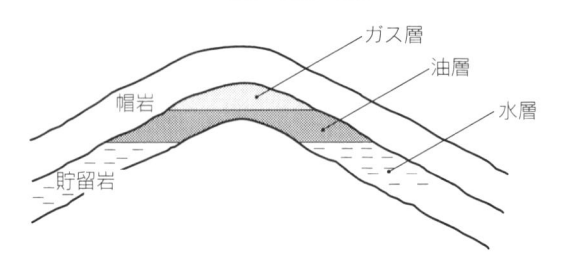

図 2.1　油田の構造の模式図

石油という呼称は一般名で，原油もガソリンも石油です．ここでは，おもに石油という呼び方を多く用います．

　石油の成因，つまり石油が何から生まれたのかには，生物起源説（有機説）と非生物起源説（無機説）がありますが，今日では有機説が支持されています．

　有機説にも，いくつかの説がありますが，"ケロジェン根源説"といわれる説が主流になっています．ケロジェンというのは堆積岩中の不溶性有機物（溶剤などに溶けない有機物）に与えられた一般的な呼称です．

　この説では，大昔の生物の遺骸よりなる有機物が泥などとともに堆積し，地下に深く埋没していく過程で，ケロジェンをへて液体の炭化水素を主成分とする石油ができたと考えています．その変化の過程を続成作用といい，ケロジェン以後の変化を熟成といっています．

　有機物の埋没が浅い深度（例えば，地下 20〜30 m 程度まで）のところで，ケロジェンが生成し，そのケロジェンのうち泥や砂などの堆積が続いて地下深くに埋没したものが，地下の熱で熟成（おもに熱分解）されて液体の炭化水素になったと考えています．

　このケロジェン根源説により石油誕生をみていきます．

地質時代のある時期に，地表面が沈降して海や湖ができると，そこには陸上から運ばれてきた泥や砂，陸上や水中に生息している生物の遺骸などが層状に堆積し，堆積盆地ができました．

生物の遺骸は堆積する過程で，生体を構成している炭水化物，タンパク質，脂質，リグニンなどの生体高分子が微生物によって分解され，糖，アミノ酸，脂肪酸などの単量体に変化します．単量体の多くは重縮合をして，フルボ酸，フミン酸，フミンと呼ばれる有機溶剤に不溶の高分子になります．

これらは，さらに還元，環化，重縮合の反応が進み，脱アミン化，脱炭酸，脱メチル化の作用などにより有機溶剤やアルカリ溶液に不溶のケロジェンになります．この過程は埋没が浅い深度のところで，おもに微生物の作用によって行われます．

ケロジェンには3つの型があります．Ⅰ型は水素/炭素の比が高く，酸素/炭素の比が低く，起源は藻類が多いものです．Ⅲ型は水素/炭素の比が低く，酸素/炭素の比が高く，起源は陸上高等植物（石炭質）の遺骸が多いものです．Ⅱ型は中間型で，起源は海生の動植物，プランクトン，底生の小動物，陸上植物の樹皮，葉，胞子，花粉などに由来するものです．

これらのうち石油の根源はⅠ，Ⅱ型で，おもに海生の動植物プランクトン，小生物および藻類から形成されたケロジェンとされています．Ⅰ型を多く含む未熟成のものがオイルシェールであるといわれています．

ついで，このケロジェンの埋没が進み，深度が大きくなると，地下の温度により熟成される過程で，水素に富む液体炭化水素ないしガスと，水素の少ない残留炭素に分化（不均化という）されます．

つまり，温度の上昇にともなうケロジェンの熱分解により，最初に液体炭化水素（ガスもともなう）が生成し，さらに熟成が進むと，

この炭化水素の分解により湿生ガス（軽質炭化水素ガス）およびコンデンセート（軽質液体炭化水素）になります．

これらの過程で石油化し，低〜中分子量のアルカンや，1〜2環のナフテンおよび芳香族（これらは石油のおもな炭化水素）になり，多量のメタン（天然ガスのおもな成分）をともないます．

不均化反応がさらに進むと，残留炭素や石墨（炭素）に向かい，湿生ガス・コンデンセートはメタンにガス化されます．

ケロジェンから液体炭化水素の石油が熟成される過程は地下の温度が重要です．地下の深度が増すと温度が上昇しますが，一般に100 m 下がるごとに約3℃ 上昇するとされています．

ケロジェンから石油が生成する温度（最適反応温度）は地質年代（反応時間）に関係していることが明らかになっています．

カナダのデボン紀（4.1〜3.6億年前）の地層では石油の生成が始まった温度は50℃，パリ盆地のジュラ紀（2.1〜1.4億年前）の地層では60℃，アフリカの古第三紀（6 600〜2 400万年前）の地層では70℃，ロサンゼルス盆地の第三紀（2 400〜200万年前）の地層では120℃ であったと報告されています（オイルフィールドエンジニアリング入門，p. 20, 1997年）．

つまり，石油が誕生するときの温度（反応温度）は，年代（反応時間）が新しいほど高い温度が必要になります．

油田と地層年代の割合の関係は，次のとおりで，中生代の油田が55%を占めています（新石油事典，p. 90, 1982年）．

古生代　（6.1億年〜2.5億年前）	14.3%
カンブリア・オールドビス紀	(2.6%)
シルル・デボン紀	(6.7%)
石炭紀・二畳紀	(5.0%)
中生代　（2.5億年〜6 300万年前）	54.5%

2.1 石油の誕生と油田

三畳紀・ジュラ紀	(18.2%)
白亜紀	(36.3%)
新生代 （6 300万年以降）	31.2%
古第三紀	(13.3%)
新第三紀	(17.9%)

また，世界の巨大油田と深度の割合の関係は，次のとおりで，1 000～3 000 m の油田が69%を占めています．

貯留岩深度	油田数
1 000 m 以下	36(11.1%)
1 000～2 000 m	109(33.6%)
2 000～3 000 m	115(35.5%)
3 000～4 000 m	32(9.9%)
4 000 m 以上	10(3.1%)
不　明	22(6.8%)

油田と年代および深度の関係を**図 2.2** に示します．

石油がケロジェンから誕生するには，地質年代に応じたある生成温度が必要なので，生成温度に相当する深度にまで埋没していない

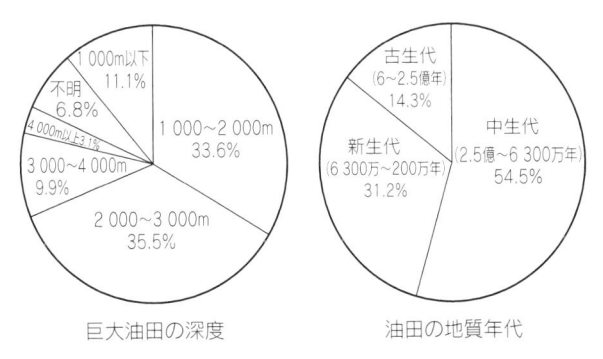

図 2.2　油田の年代と深度[1]

堆積岩中では，石油にまで育っていないわけです．

また，油層中の石油は150〜180℃を超えると熱分解が進みガス化（天然ガス）するので，石油が存在できる深度限界は6 000〜6 500 mであるといわれています．誕生した石油が分解して天然ガスになってしまうわけです．

石油の誕生は泥質の堆積岩（粘土岩やシルト岩）の中であり，この堆積岩を，石油の根源岩と呼んでいます．

中生代が石油の誕生に優れていたのは，中生代の堆積盆地は石油の根源となる大量の有機物を堆積するのに好環境にあったからだと考えられています．

（2） 油田の形成と構造

石油は泥質の堆積岩（根源岩）の中で誕生したあと，移動して孔隙（すき間）の多い貯留岩（砂岩，炭酸塩岩など）に集まれば，油田が形成されます．

石油の移動には，移動時の石油の状態，移動の駆動力，通路などの移動のメカニズムが議論されています．諸説があって定説はありませんが，水がかかわっていると考えられています．

水は土砂などの堆積物が堆積岩へ変化する続成過程全般を通じて存在しています．石油の移動の駆動力は石油の浮力および続成過程初期において，堆積物の圧密により生じた間隙水などの排出による水流が基本になります．水とともに石油は浮力により移動したと考えられています．

根源岩から貯留岩への石油の移動は一次移動と呼ばれ，次に，貯留岩内で上方または側方に二次移動したとされています．

地下の岩石のすき間は，もともと地層水で満たされていて，石油やガスはあとから入り込みます．石油は一般に地層水より密度が小さいので上方へ移動しようとします．

2.1 石油の誕生と油田

その移動を妨げる構造があると石油はその場所に停滞，集積し，油田（鉱床）が形成されます．移動する石油がワナにかかるという意味で，この構造をトラップと呼んでいます．最も代表的なトラップが，地下の地層が褶曲作用を受けて山形に曲がった背斜構造です．

背斜や断層などのトラップの頂部に達した石油は，その密度の順に上よりガス，石油，地層水に分離して油田を形成します．

石油とガスの移動と集積の概念図は**図 2.3** のとおりです．

油田の容器は貯留岩と帽岩からなっています．

貯留岩の多くは砂岩か岩酸塩岩で，その条件の1つは流体（石油）を入れる孔隙（すき間）が多いことです．岩石の全容積に対す

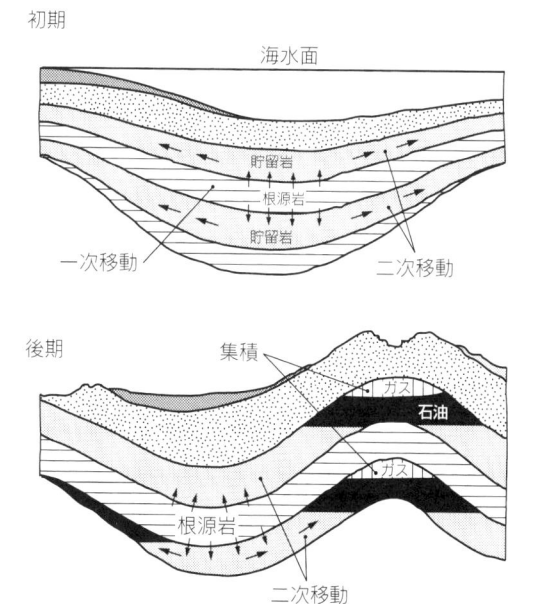

図 2.3 石油とガスの移動と油田の形成の模式図[2)]

る孔隙の容積の比を孔隙率といいます．貯留岩の孔隙率は5～40%の範囲であって，次のように評価されています．

20%以上	非常に良い
20～15%	良い
15～10%	やや良い
10～5%	良くない
5%以下	不可

埋没深度が大きくなると粒子間の孔隙が小さくなっていくので，大深度になると商業量の石油は期待しにくくなります．

貯留岩のもう1つの条件に浸透率があります．浸透率は岩石中の孔隙を流体が流れる際の通過のしやすさを表します．岩石の試片（コアという）をとって，その長さ，入口・出口の流体圧，流体の粘性係数，コアの断面積から求められます．

浸透率は，石油を油井（井戸）により採収するとき，油層中を石油が油井に向かって流れる流量を支配するので，石油の生産性に関係する大切な条件です．

一方，帽岩には岩塩，硬石膏が適していますが，泥岩，石灰石，頁岩が一般的です．帽岩は貯留岩の直上にあって石油やガスの散逸を防ぐ役目をしています．帽岩は貯留岩とは逆に浸透性に乏しく，割目を生じない性質が要求されます．

背斜構造の油田の構造の模式図は，前に示した図2.1です．

油田は地質学的に堆積盆地といわれる地域に発達しています．

石油は，堆積盆地の堆積岩中に，これまで述べてきた地質条件を備えたところでは，普遍的に存在しますが，それが大量に集積し，経済的に採収できるような油田が形成されるには，さらに地質学的条件が必要です．

堆積盆地において油田は盆地の縁辺寄り（周辺寄り）の地帯や盆

地内の隆起帯の地層層厚が変化する継手の地帯に発達する傾向があります．

これは，石油は細かい堆積物が厚く堆積する盆地の中心部に多く生成しますが，生成した石油が構造的に高い盆地内の隆起部の周辺および縁辺部に移動集積し，トラップがあれば油田を形成するからです．

このようにして堆積盆地内において，油田の配置にはかなり規則性がある場合が多いのです．

油田を発見するには堆積盆地内において，地質構造など多くの地質学的条件を探査し，総合的に解析し，石油の存在とその規模を推算し，最終的には試掘井を掘削して確かめます．

世界の大きな油田をもつ堆積盆地のおもなものは次のとおりです．

　サウジアラビア・イランなどの中東地域，ウラル・ボルガ地帯，西シベリア，バクー地帯，ベネズエラのマラカイボ地帯，メキシコ湾岸地帯，テキサス・オクラホマ地帯，北アフリカ，カナダのノウス・スロップ地帯，北海，中国の大慶，東南アジアなど．

世界の巨大油田の例を**表 2.1**にあげます．1 バレルは 0.159 kL です．

表 2.1　世界の巨大油田の例

油　田	国	発見年	埋蔵量（億バレル）
ガワール	サウジアラビア	1948	820
ブルガン	クウェート	1938	750
サファニア	サウジアラビア	1951	361
ボリバー・コースタル	ベネズエラ	1917	301
キャンタレル・コンプレックス	メキシコ	1976	200
ザクム	アブダビ	1964	184
マニファ	サウジアラビア	1957	170
キルクーク	イラク	1927	170

巨大油田の発見は1960年代までに多く，70年代以降はメキシコのキャンタレル油田のみで，やや大きい油田に北海のスタットフィヨルド油田などがあります．

世界最大のガワール油田は，長さ255 km，幅20 kmにわたっています．

2.2 石油の発見と利用技術の歴史

石油発見の歴史は古く，ギリシャ神話にも現れているということです．日本でも越の国で発見され，燃える水として天智天皇に献上されたという記録が残されているそうです．

しかし，石油が近代産業として登場したのは19世紀に入ってからのことで，1859年に，アメリカのペンシルバニアでドレイクという人が井戸を掘って石油の採掘に成功したことに始まるとされています．

原油（石油）から良質の灯火用の石油（灯油）が得られることがわかり，アメリカでは石油の採掘，灯油の生産が広がり，ヨーロッパにも輸出され，石油の使用が急速に広がりました．

1863年に，アメリカでロックフェラーがオハイオ州クリーブランドに製油所をつくり，1870年にはスタンダード石油を設立してアメリカの石油の大半を支配してしまいました．

1873年には，アメリカについでロシアのカスピ海沿岸のバクーでも石油が発見され生産が始まり，ヨーロッパに輸送されました．

日本では，1888年に日本石油が設立され，新潟，のちに秋田で小規模な油田が開発されています．

19世紀末から20世紀のはじめにかけて，石油の採掘が広がり，メキシコやインドネシアなどで石油の生産が始まっています．

2.2 石油の発見と利用技術の歴史

ヨーロッパでは，1907年に，オランダ領インドネシアで石油の生産をしていたオランダのロイヤルダッチ社と，ロシアの石油を売っていたイギリスのシェルが合併し，ロイヤルダッチシェルが設立されています．

他方，アメリカでは，1911年にスタンダード石油が分割され，スタンダードニュージャシー（後のエクソン），スタンダードニューヨーク（後のモービル）などの数社に分割されました．

この間，自動車が登場し，石油の精製で得られるガソリンが，その燃料として用いられ，石油の用途が広がりました．自動車は1876年にドイツのカール・ベンツにより発明され，たちまちヨーロッパ各国に，ついでアメリカに普及するところとなったのです．

1900年代のはじめにアメリカに設立されたフォード社が，1911年になって自動車の量産化に成功したことから，自動車の普及が進み，ガソリンの需要が伸び，ガソリンが灯油に代わって石油の主力製品になりました．

さらに，第一次世界大戦は，戦車や航空機の登場により，石油に対する認識を高めることになりました．

第一次世界大戦後，1920年代に油田の開発ブームが起こり，ロシア，ペルシャ，ベネズエラなどに石油の生産が広がっています．

1920年代末から1930年代のはじめにかけて，国際的に石油の開発，生産，販売を行っているエクソン，シェル，モービルなどのメジャーと呼ばれる国際石油会社が，国際カルテル体制（はじめ7社，のちに8社）をつくりあげ，世界の石油の大半を，その後，半世紀にわたって支配するところとなりました．

1932年に，サウジアラビア沖合いのバーレン島で，アラビア湾最初の油田が発見され，1938年にはサウジアラビアとクウェートで油田が発見されました．クウェートで発見されたブルガン油田は

超巨大油田でした.

第二次世界大戦後,中東で次々に巨大油田が発見され,それは1966年ごろまで続きました.サウジアラビアで1948年に発見されたガワール油田,1951年に発見されたサファニア油田は,いずれも超巨大油田で,中東の石油資源が莫大な規模をもっていることが明らかになってきました.

1956年には,アルジェリア,ナイジェリアで油田が発見されました.

中国は1959年に大慶油田を発見し,1960年から生産を開始しています.

また,1960年には中東の産油国が中心になってOPEC(はじめ5か国で現在は12か国)が設立されています.

1969年には,北海に油田が発見され,イギリス,ノルウェーにより次々に油田が開発されています.

このようにして1950年ごろから石油の生産が拡大し続け,1960年代には,石油が石炭に代わりエネルギーの首座につき,20世紀後半の高度経済成長のけん引役をつとめてきています.

しかし,1973年と1979年の二度の石油ショックにより石油の価格が急騰し,石油の伸びは減速しました.中東をはじめ世界の巨大油田は先進国の石油会社により開発されてきましたが,OPEC諸国は油田の国有化を行い,先進国側をしめ出したのです.

OPECは世界の石油の60%を供給しましたが,1980年代になると北海油田など非OPEC産油国の生産が伸びて,1985年にはOPECのシェアは30%台に激減し,石油価格は急落しました.

その後,石油価格はほぼ安定していましたが,1990年代後半,原油と石油製品価格の下落,石油需要の低迷が進み,石油会社の収益が激減し,1998年にはエクソンとモービルの合併という事態に

2.2 石油の発見と利用技術の歴史

発展しました．

2000年代に入り，温暖化の問題への対応など石油を取り巻く情勢は大きな変化に直面しつつあります．最近の情況は1章および2.3節（1）で述べています．

一方，石油の生産が拡大され，用途が広まる過程で，原油から石油製品を製造する精製技術が進歩を続けました．

1863年にロックフェラーが製油所をつくったころは，石油の精製は蒸留釜で原油をバッチ式（1回ごとに原油を張り込む方法）で分別する方法でしたが，1912年にはアメリカで，加熱炉と精留塔の組合せで，原油からガソリン，灯油，軽油などを連続的に蒸留して留出させる連続蒸留法が発明され，近代的な石油精製技術の開発が始まりました．

アメリカの自動車量産化の成功により，1920年代には，アメリカで自動車が1500万台も生産されました．自動車の量産によりガソリンの需要が急増し，ガソリンを原油からより多く生産する必要が生じ，石油の重質分を熱分解してガソリンに変える技術が開発されました．

重質分の熱分解で副生する分解オフガス（副生ガス）から溶剤が生産され，それが石油化学の始まりとなりました．

熱分解法に続いて，触媒を用いて重質分を分解する接触分解法が開発されました．触媒上で分解反応を行うと，分解がランダムではなく，規則的に進み，原料からのガソリンの収率が高いほか，オクタン価の高いガソリンが得られます．

また，接触分解法で副生する分解ガス中のC_4，C_3のオレフィンを2分子縮合させオクタン価の高いイソオクタンを合成するアルキル化法（アルキレーション法）が開発され航空ガソリンに用いられました．アルキル化法によるガソリンは，現在は，自動車のハイオ

クガソリンに調合されています.

石油精製に触媒を利用する方法は,石油の精製技術に大きな進歩をもたらしました.石油を構成している炭化水素の形を変化させて改質させることが可能になったからです.

第二次世界大戦後,オクタン価の低いガソリンを触媒を用いてオクタン価の高いガソリンに変える接触改質法が登場し,自動車ガソリンの性能向上に大きく寄与するところとなりました.

接触改質法では,ガソリンの成分の炭化水素を変える改質反応の副生成物として多量の水素が生成します.この水素を利用して触媒を用い,石油中の硫黄などの不純物を除去する水素化脱硫法が開発され,硫黄分の少ない燃料油の製造が可能になりました.

1950年代の後半には,アメリカで重質分を水素の存在下で触媒を用いて,ガソリン,ジェット燃料,軽油などに分解する水素化分解法が開発されています.

1970年代になると,石油の燃焼により発生する硫黄酸化物による大気の汚染が公害問題に発展し,重油から硫黄分を除去する水素化脱硫技術が開発され,脱硫装置の設置が進められました.

1990年代中ごろから2000年代はじめにかけて,自動車排出ガスのクリーン化が段階的に進められ,排出ガス浄化触媒技術を支援するため燃料油の硫黄分の大幅な低減が求められてきました.ガソリン,軽油の硫黄分を10 ppm以下にまで脱硫する超深度脱硫の技術が確立されています.

他方,石油化学の分野では,アメリカで1920年代に,スタンダード石油により石油の分解オフガスから溶剤が生産されたのに続いて,1930年代にはオフガスからプラスチックや合成繊維などの高分子製品が合成されました.ポリエチレン,ポリスチレン,ナイロン,スチレン・ブタジエンゴムなどが,この時期に生産され始めて

います．

戦後，1950年代になって石油化学技術が広がり，主要先進国において石油化学が産業として発足しました．石油のナフサ留分（ガソリンの留分）から石油化学原料のエチレンなどのオレフィンと，ベンゼンなどの芳香族が生産されるようになりました．

わが国の石油化学産業は1957年に接触分解の分解ガスから溶剤が生産されたことに始まり，1958年にはナフサからエチレンの生産が始められています．

1980年代から1990年代にかけては先進工業国の石油化学は成熟期を迎えましたが，新興工業国を中心とする途上国において石油化学製品の生産が進められ，2000年以降は中国，インド，中東産油国などで大規模な生産拡大が進んでいます．

世界の石油化学技術は，1950年代から1960年代に急速に進歩・発展しています．

ポリエチレンは1933年に高圧法による低密度ポリエチレンが開発されていましたが，1954年に低圧法による高密度ポリエチレンが工業化されました．ポリプロピレンは1957年にイタリアのモンテカチーニ社により工業化されています．

ポリエステル繊維（テトロン）は1953年に工業化されていますが，現在の高純度テレフタル酸による方法は，アモコ社で1965年に開発されたものです．アクリル繊維の製造法のSohio法（スタンダード石油オハイオ）は1957年に工業化されています．

プラスチック，合成繊維，合成ゴムの高分子製品は1970年代から1980年代にかけて需要が急速に拡大し，短期間の間に石油化学産業は巨大な規模に成長し，石油化学製品は現代社会の生活に広く深く浸透するにいたっています．

2.3　石油の現在——現代社会を支える石油

（1）　エネルギー——燃料油

今日の工業化社会は大量の資源を，工業材料やエネルギーとして消費していて，今日の豊かで便利な生活は資源の大量消費によって成り立っています．

石油のおもな用途はエネルギー（燃料油）と工業材料（石油化学製品のプラスチックなどの高分子製品）です．今日，世界で消費されている資源の中で最大のもので，世界で1年間に消費される石油の量は38億トンに達しています（2006年）．

石油と現代社会とのかかわりを，エネルギーと工業材料について，それぞれがどのような位置を占め，またどのような用途に利用されているかを眺めて，現代社会における石油の姿をクローズアップすることにします．

石油の用途の第1がエネルギーです．

今日，世界で消費される一次エネルギー（資源としてのエネルギー）は，それを石油に換算すると1年間で106億トンになり（2006年），その大半を占めるのは石油，石炭，天然ガスの化石燃料で（世界では88％を占める），そのほかは原子力，水力などです．

まず，世界と日本の一次エネルギーの推移から石油のエネルギーにおける位置をうかがいます．世界の推移を**表2.2**および**図2.4**に，日本の推移を**表2.3**に示します．数字はすべてエネルギーを石油換算（発熱量で石油の量に換算）しています．

石油は，現在，世界の一次エネルギーの36％，日本の一次エネルギーの45％を占めています（2006年）．石油の消費量は1950年ごろから急速に増加し，1960年代に石炭を超えてエネルギーのトップの座を続けています．石油がエネルギーに占める割合は1970

2.3 石油の現在

表 2.2 世界の一次エネルギーの推移（石油換算）[3]

単位　億トン(%)

	総　量	石　油	石　炭	天然ガス	その他
1950	18.67(100)	5.40(28.9)	11.07(59.2)	2.20(11.9)	
1971	48.84(100)	23.29(47.7)	14.42(29.5)	8.95(18.3)	2.18(4.5)
1990	78.85(100)	31.05(39.4)	22.19(28.1)	16.73(21.2)	8.80(11.3)
2006	105.83(100)	38.46(36.4)	30.54(28.9)	24.08(22.8)	12.75(12.1)

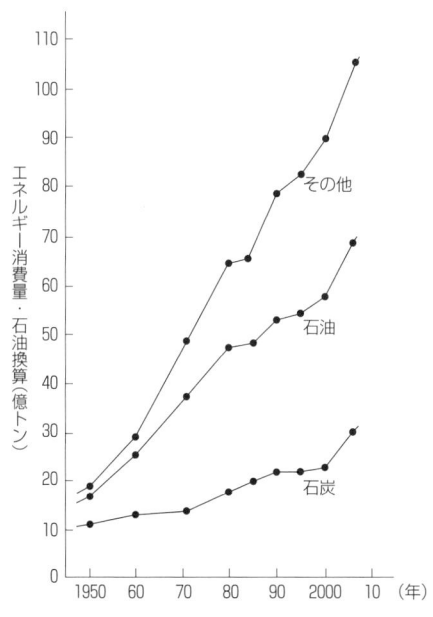

図 2.4 世界の一次エネルギー消費量の推移

表 2.3 日本の最近の一次エネルギーの推移（石油換算）[3]

単位　億トン(%)

	総　量	石　油	石　炭	天然ガス	原子力	その他
1980	3.46(100)	2.35(67.9)	0.596(17.2)	0.214(6.2)	0.215(6.2)	0.075(2.5)
1990	4.44(100)	2.54(57.2)	0.772(17.4)	0.442(10.0)	0.527(11.9)	0.159(3.6)
1995	5.01(100)	2.71(54.1)	0.848(16.9)	0.532(10.6)	0.759(15.1)	0.161(3.2)
2000	5.27(100)	2.64(49.7)	0.980(18.6)	0.657(12.5)	0.839(15.9)	0.174(3.3)
2006	5.28(100)	2.41(45.6)	1.12 (21.2)	0.774(14.7)	0.791(15.0)	0.185(3.5)

年代に最も高くなり，世界では50%弱に，日本では77%になりましたが，オイルショック後は石油の伸びがやや減速し，天然ガスや原子力の利用が進み石油の割合はやや低下してきました．

そこで，主要先進国について一次エネルギーと化石燃料構成の推移をみると**表 2.4**のとおりです．

1971年ごろは石油の割合が最も高かった時期で，その後は日本では石油の代わりに天然ガスが大きく伸び，アメリカでは石炭が大きく伸びてきました．日本では天然ガスをLNG（液化天然ガス）として輸入できるようになり，その利用が急速に進んだもので，アメリカでは石油，天然ガスは国内生産では不足し輸入が増えはじめ，国内生産でまかなえる石炭をより多く使うようになったものです．

表 2.4　主要先進国の一次エネルギーと化石燃料構成の推移（石油換算）[4]

単位　億トン(%)

		一次エネルギー	石　油	天然ガス	石　炭
日　本	1971	2.69(100)	2.00(74)	0.03(1)	0.56(25)
	2006	5.28(100)	2.41(46)	0.77(15)	1.12(21)
アメリカ	1971	19.93(100)	7.27(46)	5.17(32)	2.79(18)
	2006	23.21(100)	9.37(40)	5.01(22)	5.51(24)
ドイツ	1971	3.08(100)	1.43(46)	0.17(6)	1.42(46)
	2006	3.49(100)	1.24(36)	0.80(23)	0.82(23)

また,ドイツでは炭鉱の多くが古くなって石炭コストがアップする反面,天然ガスが北海油田などからパイプラインで安価に輸入できるようになり,石炭から天然ガスへの転換が進んだものです.このように一次エネルギーの構成は,各国の国内資源や輸入コストなどの事情で変動してきています.

なお,西側先進国にある主要油田のアメリカと北海の油田が最近生産量の限界を迎えていて,域外からの輸入が増える傾向にあることがアメリカやEUの石油の伸びに影響しつつあります.

石油消費量の上位7か国について最近の石油消費量の推移をみると**表 2.5** のとおりです.

世界の石油消費量は,今日,増加し続けていますが,それは中国やインドなどの新興国の大きな伸びが増加させているもので,中国やインドは20数年間に4倍にも伸びています.先進国ではアメリカを除いて石油はピークを迎え,横ばいまたはやや減少する国が増えています.

次に,石油のおもな製品がエネルギーの各用途で,どのように使用されているかを概観します.

石油(原油)は軽質から重質まで多くの炭化水素の混合物で広い沸点範囲をもつので,蒸留で分けて製品をつくります.おもな製品

表 2.5 主要石油消費国の石油消費量の推移[5]

単位 億トン

	アメリカ	中 国	日 本	ロシア	インド	ドイツ	フランス	世 界
1980	8.04	0.89	2.35		0.34	1.47	1.08	29.99
1990	7.70	1.10	2.54	2.73	0.63	1.26	0.87	31.05
2000	8.90	2.21	2.62	1.31	1.14	1.31	0.87	35.03
2006	9.37	3.44	2.46	1.39	1.36	1.24	0.91	38.46
06/80	1.17	3.87	1.05		4.00	0.84	0.84	1.28

には沸点の低い順にLPG（液化石油ガス），ガソリン・ナフサ，ジェット燃料，灯油，軽油，重油（A，B，Cに分けられる）があります．

ガソリンとナフサは同じ留分の名称ですが，ガソリン以外の用途をナフサと呼んでいて，その大半は石油化学原料用です．またジェット燃料はおもに灯油の留分からつくられます．

これらは大別して，沸点順に，軽質留分，中間留分，重質留分に分類されます．

軽質留分	ガソリン・ナフサ
中間留分	灯油・ジェット燃料，軽油，A重油
重質留分	B重油，C重油

B重油，C重油は原油の蒸留の残分を含む製品でC重油はB重油より多く残分を含みますが，最近はB重油のほうは使用されていません．

これらの製品の用途，つまり二次エネルギーの用途は，産業，運輸，民生（家庭と業務），その他（エネルギー変換分野など）に分けられます．

そこで，主要先進国について，二次エネルギー（最終消費エネルギー）の用途の割合と石油の用途の割合の比較を**表2.6**に示します．

表2.6の用途の分類では，一般に産業に入れる農業を民生に入れているので，産業はやや小さく，民生はやや大きくなっています．

エネルギーの用途の割合は，国土が広く自動車・航空機が発達しているアメリカは運輸が41％と最も多く，高緯度で暖房用が大きいドイツは民生が44％と最も多くを占めています．日本は国土は狭く，温暖であるので産業，運輸，民生がそれぞれ30％前後で近い割合にあります．

一方，石油の用途の割合をみると，運輸が最も多く日本では

表 2.6 主要先進国の二次エネルギーの用途と石油の用途 (2005年)(石油換算)[6]

単位 億トン(%)

		二次エネルギー総量	産　業	運　輸	民　生
日　本	総量	3.51(100)	0.95(27)	0.93(26)	1.21(34)
	石油	2.08(100)	0.33(16)	0.91(44)	0.43(21)
アメリカ	総量	15.98(100)	2.88(18)	6.48(41)	5.03(31)
	石油	8.68(100)	0.35(4)	6.25(72)	0.62(7)
ドイツ	総量	2.62(100)	0.58(22)	0.63(24)	1.14(44)
	石油	1.12(100)	0.06(4)	0.60(54)	0.25(22)

44%,アメリカでは72%,ドイツでは54%を占めていて,各国とも石油が運輸用をほぼ独占しています.運輸以外については日本では石油は民生が21%で民生用の1/3を占め,産業が16%で産業用の1/3を占めています.アメリカでは産業,民生には石炭や天然ガスが使われていて石油はわずかです.ドイツでは石油は民生が22%で民生用の1/4を占めています.

石油が一次エネルギーで高い比率を占めていた1970年代には,石油は民生や産業の用途により多く使用されていましたが,その後は天然ガスや石炭が使われています.

運輸には自動車にガソリン・軽油,航空機にジェット燃料,船舶にA重油・C重油が使われ,産業にはA重油・C重油が多く使われ,家庭には灯油・LPGが使われ,業務にはA重油・灯油が多く使われます.

石油の用途の割合は大きく変わってきています.これを1970年ごろからの各石油製品の消費量からみると,日本については**表2.7**のとおりです.石油の消費量は1995年ごろがピークで,それ以前と以後で各製品の消費量の推移は分かれます.

1970年ごろから現在までの推移で顕著なのは,C重油の減少で,

表 2.7 日本の石油製品の消費量の推移[7]

単位 百万 kL(%)

	1970	1990	1995	2000	2007	95/70	07/95	07/70
ガソリン	21.0(11.7)	44.8(20.6)	51.6(21.0)	58.4(24.0)	59.1(27.0)	2.46	1.15	2.8
ナフサ	27.6(14.7)	31.4(14.4)	44.0(17.5)	47.7(19.6)	48.5(22.2)	1.59	1.10	1.8
ジェット燃料	1.2(0.6)	3.7(1.7)	4.8(2.0)	4.6(1.9)	5.9(2.7)	4.00	1.23	4.9
灯 油	15.8(8.4)	26.7(12.2)	30.0(12.2)	29.9(12.3)	22.7(10.4)	1.90	0.76	1.4
軽 油	12.0(6.4)	37.7(17.3)	45.5(18.5)	41.7(17.1)	35.6(16.3)	3.79	0.78	3.0
A 重油	11.1(5.9)	27.1(12.4)	28.8(11.7)	29.5(12.1)	21.4(9.8)	2.59	0.74	1.9
B 重油	12.7(6.8)	0.7(0.3)	0.1(0.0)	0.0				
C 重油	85.8(45.8)	45.9(21.1)	40.6(16.5)	31.3(12.9)	25.3(11.6)	0.47	0.62	0.3
合 計	187.2(100)	218.0(100)	245.4(100)	243.1(100)	218.5(100)	1.31	0.89	1.2

46%を占めていたものが11%にまで落ちています．それは大きな用途であった発電用がオイルショック以降IEA（国際エネルギー機関）の方針などで，石油の使用が抑制され，石炭，天然ガス，原子力に代わったのが大きな理由です（1.2節）．

このC重油を除けば，すべての製品は1995年ごろまでは伸びてきましたが，それ以後は灯油，軽油，A重油が減少に転じ，伸びているのはガソリン，ナフサ，ジェット燃料です．ナフサはほとんどが石油化学原料で，日本では国内生産では不足し，約半分は中東などから輸入しています．

30数年間を通してみれば，ガソリンと軽油の伸びが大きく，自動車燃料が石油製品に占める割合は1970年の18.1%から2007年の43.3%に大きく上昇してきています．この自動車燃料と石油化学用のナフサを合わせると現在は65.5%，約2/3を占めていて，石油の用途の中心をなしています．

このほかでは家庭と業務の暖房用などの灯油とA重油を合わせると20%余りを占めているほか，ジェット燃料が伸びています．

このような石油の用途の推移は，石油製品をつくる石油精製技術と設備に大きな変化を要求してきました．各製品をつくる留分の割

合は，次のとおり大きく変化し，1990年代には重質留分を分解して中間留分を多くつくることが求められ，現在は中間留分とともに軽質留分を多くつくることが求められています．なお軽質留分はナフサの約半分が輸入なので，それを除くと約38%になります．

軽質留分	1970年 25.9%	1995年 38.5%	2007年 49.2%（38%）
中間留分	21.5%	45.0%	39.2%
重質留分	52.6%	16.5%	11.6%

石油の用途の70%が運輸用で，その中でガソリンが多いアメリカでは重質留分をほとんど分解し軽質留分を最も多くつくることが行われています．日本でも石油製品の軽質化が進んでいて，効率良く品質の良い軽質留分をつくる技術は今後の石油精製技術のキーテクノロジーです．

以上をまとめると，石油は1960年代からエネルギーの中核の役割をつとめ，20世紀後半の高度経済成長を支えてきましたが，1980年代からは天然ガスの利用などが進み，石油は他に代わることが難しい用途，つまり石油にとって，より付加価値の高い用途に徐々に集中してきました．21世紀に入り石油はエネルギーの首座（世界ではエネルギーの36%，日本では45%）を続けていますが，石油のエネルギーとしての用途は自動車燃料，航空燃料，舶用燃料に集中してきました．これらの用途は他の既存のエネルギーに代わることが困難な領域です．

自動車と航空機の発展は"安価で持ち運びの容易な石油"を手に入れたからです．自動車と航空機の発展がなければ，現代社会はまったく違ったものになっていたでしょう．運輸エネルギーとしての石油は経済活動の拡大，生活水準の向上など現代社会の発展を支えています．

（2）　工業材料——石油化学製品"高分子材料"

石油の用途の第2が石油化学製品の工業材料です．

工業材料は金属材料，無機材料および有機材料に分類されますが，有機材料の大半を占めるのが石油化学からの高分子材料で，金属材料に匹敵する巨大な規模に成長し現代社会を支えています．

石油化学は1920年にアメリカでスタンダード石油がガソリン増産のために石油を分解した際に副生する分解ガス中のプロピレンから溶剤のイソプロピルアルコールを生産したのが始まりです．1950年代になって先進各国に広がり原料も石油のナフサ留分のほかに天然ガス中のエタン，プロパンなどが用いられるようになりました．

石油化学製品の生産は1960年代から急速に伸び，プラスチックなどの高分子製品が工業材料の中で大きな割合を占めるにいたりました．

日本では石油化学工業の発展にともない石油精製から得られるナフサだけでは不足し，1965年ごろからナフサの輸入を始め，現在では原料ナフサの50数パーセントは中東諸国などより輸入しています．

石油化学製品には原料ナフサから得られるオレフィンガス（エチレン，プロピレンなど）と芳香族（ベンゼン，キシレンなど）の基礎製品と，それらから誘導される中間製品，最終製品（プラスチック，合成繊維，合成ゴムなど）があります．

基礎製品の代表であるエチレンについて世界の生産量の推移をみると**図2.5**のとおりで，1960年代はじめは500万トンに達していなかったものが2000年には9 000万トンに達し，現在は1億トンを超えています．最近は石油化学製品の需要が急増する中国や工業化を進める中東産油国で急速に伸びています．最近のエチレンの生産量を**表2.8**に示します．

石油化学製品の8割を占めるのが高分子製品で,プラスチックが6割を占めています.高分子製品が石油化学製品に占める割合は2008年には次のとおりです.

〈数量〉

　　プラスチック 62%,合成繊維 9%,合成ゴム 7%,合計 78%

〈金額〉

　　プラスチック 61%,合成繊維 7%,合成ゴム 12%,合計 80%

石油化学製品にはこのほかに塗料,合成洗剤・界面活性剤,溶剤などがあります.

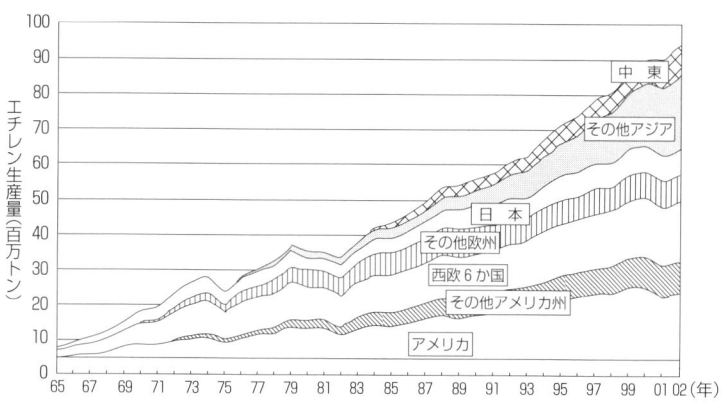

図 2.5 世界のエチレン生産量の推移[8]

表 2.8 最近のエチレン生産量

単位 万トン

	世界	日本	アメリカ	中国	中東
2000	8 946	761	2 481	470	544
2006	10 989	752	2 502	867	1 079

世界，日本，アメリカにおける 2005 年のプラスチック，合成繊維，合成ゴムの生産量は**表 2.9** のとおりです．粗鋼（鉄）の生産量を比較のためにあげました．

表 2.9 プラスチック，合成繊維，合成ゴムの生産量（2005 年）

単位　万トン

	プラスチック	合成繊維	合成ゴム	粗　鋼
世　界	23 000	3 351	1 208	113 215
日　本	1 415	95	163	11 247
アメリカ	4 991	268	237	9 490

プラスチックの生産量を鉄と比べると，プラスチックの密度は鉄の 1/6〜1/8 ですから，容積となると鉄に匹敵する量になります．

高分子製品は素材としては金属，木材，紙，天然繊維，天然ゴムなどの既存材料の代替品として登場しましたが，プラスチックは多くの新しい用途を生み出してきました．

石油化学製品の 6 割を占めるプラスチック製品のおもな用途を 2008 年の生産量の比率でみると**表 2.10** のとおりです．

このようにプラスチックの用途は大変広い範囲にわたっていて，範囲は金属製品をはるかに超えています．その生産量の 37% が包装材料のフィルムで，最大の用途は食料品をはじめとする包装で，今日の流通革命のなかで大きな役割を果たしています．機械器具部品では自動車，家電製品などの軽量化，大型化，高級化のニーズに応えてきました．乗用車 1 台当たりのプラスチック使用量は 1980 年代から飛躍的に増加しました．

私たちのまわりをみても，包装シートや容器から家電製品にいたるまで，日常生活に深く浸透しているほか，自動車部品や建築・土木材料の分野で欠かせないものになってきています．

表 2.10 プラスチック製品のおもな用途（2008 年）[9]

フィルム 　（農業用，スーパーの袋，ラップ等，包装用，加工紙など）	37%
容器 　（洗剤・シャンプー容器，灯油缶，ペットボトルなど）	14%
機械器具部品 　（自動車，家電製品，OA 機器など機械器具部品）	12%
パイプ・継手 　（水道用，土木用，農業用など各種パイプ・継手）	9%
発泡製品 　（建物などの断熱材，電気機器・精密機械の緩衝材）	6%
建材 　（雨どい，床材，壁材など）	5%
日用品・雑貨 　（台所・食卓用品，文房具，楽器，玩具など）	5%
その他	12%

次に，合成繊維と合成ゴムが，それぞれ繊維やゴムの全体に占める割合の推移を**表 2.11**，**表 2.12** に示します．合成繊維，合成ゴム

表 2.11 合成繊維，レーヨン・アセテート，天然繊維の生産量の推移[10]

単位　万トン（%）

	1960	1970	1980	1990	2000	2008
合成繊維	15.4(12)	89.8(42)	118.0(57)	110.3(60)	81.5(75)	52.3(81)
レーヨン・アセテート	35.8(27)	39.9(18)	23.1(11)	17.9(10)	8.0(7)	4.7(7)
天然繊維	81.2(61)	86.1(40)	66.5(32)	54.1(30)	19.4(18)	7.9(12)
合　計	132.4(100)	215.8(100)	207.6(100)	182.3(100)	108.9(100)	64.9(100)

表 2.12 合成ゴム，天然ゴムの消費量の推移[10]

単位　万トン（%）

	1960	1970	1980	1990	2000	2008
合成ゴム	6.2(27)	49.6(64)	88.5(67)	113.3(63)	113.7(60)	113.8(56)
天然ゴム	16.8(73)	28.3(36)	42.7(33)	67.7(37)	75.2(40)	87.8(44)
合　計	23.0(100)	77.9(100)	131.2(100)	181.0(100)	188.9(100)	201.6(100)

は1960年代から拡大を続け,現在は80%,60%前後を占めています.

レーヨン・アセテートは木材パルプを原料とするセルローズから製造される繊維です.なお,繊維は1990年ごろから近隣諸国から安い衣料品の輸入が増え生産量は減少してきています.

石油化学からの高分子材料は,わずかな間に金属材料に匹敵する巨大な規模に成長し,その用途は金属材料を超えて現代社会の広い範囲にわたり,私たちの日常生活を支えています.金属材料や無機材料が長い期間かかって社会に浸透したことを,わずかな間に達成したのです.

20世紀後半の高度経済成長を工業材料の面からみれば,プラスチックや合成繊維などの高分子材料が登場し大きく貢献した時代であったわけです.

引用文献

1) 相場淳一(1982):新石油事典(石油学会),p. 10,朝倉書店
2) 山崎豊彦(1997):オイルフィールド・エンジニアリング入門,p. 22,p. 37,海文堂出版
3) 日本エネルギー経済研究所(2009):エネルギー・経済統計要覧,2009年版,p. 218〜224
4) 同上,p. 218〜222
5) 同上,p. 221
6) 石油通信社(2008):平成20年石油資料,p. 100
7) 文献3),p. 157
8) 川村幸雄(2004):ペトロテック(石油学会),Vol. 27,No. 8,p. 659
9) 石油化学工業協会(2009):石油化学工業の現状 2009年,p. 14
10) 同上,p. 15

3. 石油の化学

3.1 石油の成分

　石油の主成分は炭素と水素からなる化合物の炭化水素の混合物です．このほかに硫黄，窒素，酸素を含む化合物も少量含まれているほか，微量ですが金属成分も含まれています．

　石油は，このように多くの化合物の混合物で，産地，油田により化合物の混合割合がある程度異なります．

　石油を構成している元素の種類とその割合の範囲は，ほぼ次のとおりです．

> 炭素　83〜87%，水素　11〜14%，硫黄　0.1〜3%
> 窒素　0.1〜1%，酸素　0.1〜1%，金属　0.001〜0.1%

石油の主成分の炭化水素と少量成分の非炭化水素化合物についてみていきます．

（1） 石油の主成分の炭化水素

　石油のほとんどをつくっている炭化水素は，炭素数が，常温で気体の C_1〜C_4（気体成分は原油に溶けている）から C_{50} 以上まで広く分布しています．小さな分子から大きな分子まであるわけです．

　沸点は常温以下（気体）から 700℃ 程度以上まで広く分布しています．

　また，それらの炭化水素の種類（分子の形）は鎖状のパラフィン C_nH_{2n+2}，パラフィンが環状になっているシクロパラフィン（ナフテ

ンと呼んでいる）C_nH_{2n}，および芳香族からなっています．

このほか，原油中にはほとんど存在しませんが，石油の精製中に生成する炭化水素に不飽和のオレフィンがあります．

パラフィンには枝をもたない n-パラフィン（ノルマルパラフィン）と枝をもつイソパラフィンがあります．

ナフテンの基本型は炭素5個の環（シクロペンタン）と6個の環（シクロヘキサン）で，環が2環以上の多環ナフテンやパラフィンの側鎖をもつものがあります．多環ナフテンの多くは縮合環をつくっています．

芳香族も芳香環が2環以上の多環のものやパラフィン側鎖をもつものがあります．多環芳香族の多くも縮合環をつくっています．

炭素数の多い高沸点の炭化水素になるほど複雑になり，各種類の炭化水素が相互に結合しています．例えば，アルキルナフテン芳香族で，環数が3～4環のものもあります．

石油中の炭化水素成分の簡単なものの例を図3.1に示します．

また，石油（原油）の炭化水素組成の分布と，沸点や炭素数の関係を分析した例を図3.2に示します．アメリカ石油協会API

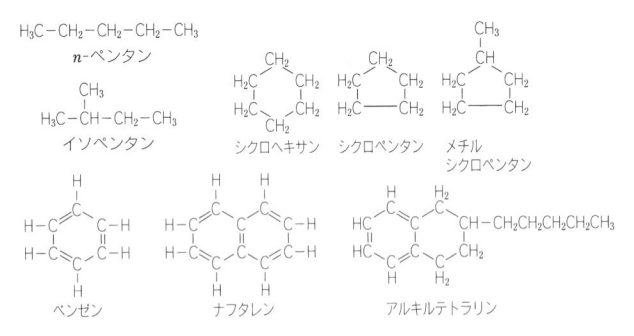

図3.1　石油中の炭化水素成分の例

(American Petroleum Institute）が1950年代ごろに，長年かけて，オクラホマ州のポンカ原油について多数の炭化水素を単離し構造を決める膨大な作業を行った結果です．

沸点や炭素数の増加とともに，単独のパラフィンは減少し，シクロパラフィン（ナフテン）や芳香族が増加し，それらの環数も増えています．

石油（原油）を構成する炭化水素は，このように炭素数や沸点が大変広い範囲にわたっているので，これを利用するには，蒸留によって，それぞれの用途に適した沸点範囲の留分に分けます．

燃料の留分の沸点範囲，炭素数分布の一例をあげます．

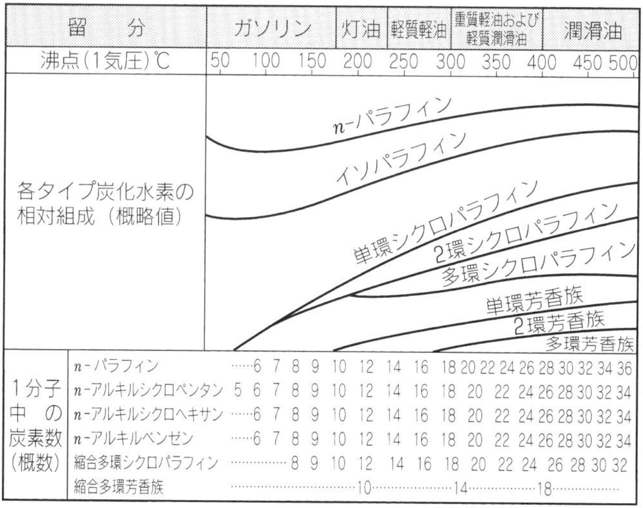

留分	ガソリン	灯油	軽質軽油	重質軽油および軽質潤滑油	潤滑油
沸点(1気圧)℃	50　100　150	200	250　300	350　400	450　500

各タイプ炭化水素の相対組成（概略値）		n-パラフィン イソパラフィン 単環シクロパラフィン 2環シクロパラフィン 多環シクロパラフィン 単環芳香族 2環芳香族 多環芳香族	
1分子中の炭素数（概数）	n-パラフィン	……6　7　8　9　10　12　14　16　18 20 22 24 26 28 30 32 34 36	
	n-アルキルシクロペンタン	5　6　7　8　9　10　12　14　16　18　20　22 24 26 28 30 32 34	
	n-アルキルシクロヘキサン	……6　7　8　9　10　12　14　16　18　20　22 24 26 28 30 32 34	
	n-アルキルベンゼン	……6　7　8　9　10　12　14　16　18　20　22 24 26 28 30 32 34	
	縮合多環シクロパラフィン	……………8　9　10　12　14　16　18　20　22　24　26　28　30　32	
	縮合多環芳香族	………………………10………………14………………18………………	

図3.2 原油中の炭化水素組成と沸点・炭素数の関係の例
　　　（アメリカ，オクラホマ州，ポンカ原油）

LP ガス　プロパン	沸点　-42℃	炭素数　C_3
ブタン	-1℃	C_4
ガソリン留分	$35\sim180$℃	$C_5\sim C_{11}$
灯油留分	$150\sim250$℃	$C_9\sim C_{15}$
軽油留分	$190\sim350$℃	$C_{12}\sim C_{22}$
残油（重油の基材）	300℃ 以上	

（2）石油の少量成分の非炭化水素化合物

石油中の硫黄，窒素，酸素および金属の元素は，ほとんどが炭化水素と結合した化合物で，沸点が高いところほど多く，また原油によって含まれている量がかなり異なります．

非炭化水素成分は燃料に含まれると好ましくないものがほとんどなので，燃料を製造する際に除去または減少させます．

硫黄化合物は，おもにメルカプタン（チオール）RSH，サルファイド RS_nR' およびチオフェン（環状ポリメチレン硫化物）で，メルカプタンは沸点が低いところ，チオフェンは沸点が高いところに含まれています．

メルカプタンの硫黄は除去しやすいのですが，サルファイド，チオフェンの順に除去しにくくなり，しかも含まれる量が多くなります．

硫黄化合物は燃焼したとき，大気汚染の原因になる硫黄酸化物になります．

窒素化合物はピリジン，キノリン，ピロール，インドールなどの5環または6環の環状窒素化合物で，除去しにくいものです．

窒素化合物は燃焼したとき，大気汚染の原因になる窒素酸化物になります．

酸素化合物は有機酸（ナフテン酸など）やフェノールです．

金属成分は，おもにバナジウム，ニッケルで，このほか鉄，銅な

ども微量含まれています．金属成分は水分に溶けて混入しているものと油溶性の金属化合物を形成しているものがあります．原油の重質成分に含まれています．

金属成分は燃焼すれば，おもに金属酸化物の灰になります．

このほか，原油の最も重質な成分としてアスファルテンと呼ぶ複雑で，高分子量の化合物が少量含まれています．アスファルテンは硫黄，窒素，酸素などを含んだ縮合環の芳香族やナフテンが架橋結合するなどして，高分子量の化合物になっていると考えられています．アスファルトの主成分となるものです．

（3） 原油の種類

原油は産地，油田により沸点の分布および炭化水素の種類の割合にある程度の幅があります．

原油の分類には密度によるものと炭化水素組成によるものがあります．

密度による分類は，沸点の分布とほぼ近い関係にあります．密度が高いほど，沸点が高い成分が多くなるからです．

密度が 0.83 以下を軽質原油，0.904 以上を重質原油といい，その中間を中質原油としています．

軽質原油では沸点の低い成分が多く，常圧蒸留のときの留出分（軽油までの留分）がおおよそ 55％ 以上得られ，ガソリン，灯油，軽油が多く得られます．重質原油では，この逆で，沸点の高い成分が多く，常圧蒸留のときの留出分がおおよそ 45％ 以下で残油分が多くなります．

一方，炭化水素組成による分類では，パラフィン系炭化水素を多く含むパラフィン基原油，ナフテン系炭化水素を多く含むナフテン基原油，およびその中間の混合基原油に分類されます．

原油の性質では重質原油は粘度が高く，残留炭素分 [3.2 節（6）]

が多く,パラフィン基原油あるいは重質原油は流動点[3.2節(4)]が高い値を示します.

硫黄分は中東地域の原油には2.0%を超えるものがある一方,南方地域の原油などは0.1%以下のものもあります.

日本が輸入しているおもな原油の例(アラビアンライトからオマーンまでは中東原油)を**表3.1**に示します.

3.2 石油の性質と試験

石油の性質は,石油が複雑な混合物であるので,石油独自の方法

表3.1 わが国の主要輸入

	アラビアンライト	アラビアンヘビー	ベリー	クウェート
原油一般性状				
密　度	0.852	0.887	0.831	0.868
粘　度	6.90	22.4	3.78	7.0
(mm^2/s @50℃)	(@30℃)	(@30℃)	(@37.8℃)	
流動点(℃)	-15以下	-20以下	-32.5	-35°F
硫黄分(wt%)	1.72	2.70	1.10	2.6
残留炭素分(wt%)	3.1	7.2	2.3	5.3
製品収率(vol%)				
ガソリン	25.0	20.0	25.8	19.5
灯　油	13.5	10.0	15.6	11.6
軽　油	13.5	11.0	14.1	12.8
残　油	48.0	56.5	42.1	53.2
常圧残油性状				
流動点(℃)	+5	+7.5	+25	+12.5
硫黄分(wt%)	3.0	4.2	2.01	4.02
粘　度	90	249	92	220
(mm^2/s @50℃)				
残留炭素分(wt%)	7.2	11.8	4.8	9.4

で規定されているものが多く，それらの性質の測定は石油試験法として制定されていて，石油製品の品質の設計や石油の取扱いにかかせないものになっています．

石油試験法は，JIS（Japanese Industrial Standard）および国際標準である ISO 規格（International Organization for Standardization）で定められていて，定期的に見直しがなされています．

おもな性質，石油製品に広く関係している性質のうち，基礎的なものについて原理などを述べます．詳細は JIS の石油試験法にあります．

原油の性状

イラニアンライト	イラニアンヘビー	マーバン	オマーン	スマトラライト
0.856	0.870	0.828	0.850	0.847
7.51	6.8	2.5	4.99	9.67
(@30℃)				
-27.5	-35	-30	-20°F	+32.5
1.45	1.7	0.80	1.0	0.08
3.75	5.1	1.40	3.14	2.5
24.5	20.2	24.3	18.7	12.5
13.0	12.5	14.3	9.6	9.0
15.5	13.8	17.6	15.6	14.3
47.0	51.9	42.5	55.0	64.2
+12.5	+2.5	+30	+2.5	+47.5
2.17	2.58	1.6	1.62	0.18
190	150	25	129	12
				(@100℃)
6.0	8.9	3.6	5.19	3.8

（1） 密度 （JIS K 2249）

密度は単位体積当たりの質量 g/cm³ で，温度（通常15℃）をつけて示します．温度による膨張，収縮があるからです．

炭化水素では炭素と水素の比 C/H にほぼ比例します．炭化水素の混合物である石油では沸点が高いほどパラフィンよりナフテン，芳香族が多くなるので，密度が大きくなります．

ガソリン	0.73～0.76,	軽油	0.80～0.84
灯　油	0.78～0.80,	重油	0.83～0.96

なお，密度の近似値に比重があります．比重は，試料の質量と，それと等体積の水の質量の比で，それぞれの温度を付記します．例えば，比重15/4℃ は15℃ における質量と，それと等体積の4℃ における水の質量の比です．

また，原油にはAPI度（アメリカ石油協会が定めた比重表示法）が用いられます．4.1節（2）で引用します．API度は次式によります．

$$\text{API 度} = (141.5/\text{比重 }60/60°F) - 131.5$$

（2） 蒸留性状（蒸留試験）（JIS K 2254）

炭化水素の沸点は同種の炭化水素では炭素数が増すほど高くなり，炭化水素の種類では，ほぼ，芳香族＞ナフテン＞n-パラフィン＞イソパラフィンの順です．

炭化水素の混合物である石油は広い沸点範囲をもちますが，沸点の範囲と分布を，エングラー蒸留フラスコを用いた単蒸留による蒸留試験で，温度と留出量（割合％）の相対的関係を求め，蒸留性状あるいは分留性状として表します．

ガソリン，灯油，軽油の各留分の沸点範囲と炭素数分布の例は，前に示したとおりです（3.1節参照）．

（3） 引火点 （JIS K 2265-1～-4）

火を近づけたとき試料の蒸気に引火する最低の温度です．液体の燃料はその温度に相当した蒸気圧をもっていて，液面の蒸気と空気の混合気の濃度が燃焼範囲になったときの蒸気圧（蒸気濃度）を示す温度が引火点になります．

引火点は試験器の構造と測定方法に左右される相対的な値で，JIS で規定された方法で測定します．

（4） 流動点 （JIS K 2269）

炭化水素の混合物である石油は，冷却していくと融点が高い炭化水素成分から順次結晶を生成します．結晶が生成し始めると不透明になり，生成した結晶が凝集して三次元の構造をつくるので，やがて全体の石油が流動性を失い固化します．流動性を失う温度を凝固点といい，凝固点より 2.5℃ 高い温度を流動点としています．

石油留分の沸点範囲が高くなるほど固化する温度が高くなり，重質留分では常温付近の温度で固化します．

流動点は，試料を試験管にとり JIS で規定された方法で，試料が動かなくなったときの温度（凝固点）を測定して求めます．

（5） 粘度 （JIS K 2283）

粘度は流体が流動する際に発生する，流動に対する内部抵抗です．

流動する流体中に流れに対して直角の方向の速度差があって，直角の方向に dx の距離のところで dv の速度差があるとすると，流体内に流れの方向に発生する内部抵抗（せん断応力）τ は速度勾配 dv/dx に比例します．そのときの比例定数 η が粘性係数で，それを粘度と呼んでいます．

$$\tau = \eta\, dv/dx$$

石油では，粘度 η（単位は m・Pa・s）を密度 ρ（g・cm^{-3}）で割った値を動粘度 ν（mm^2・s^{-1}）といって，おもにそれが用いられてい

ます．

$$\nu = \eta/\rho$$

粘度は液体燃料をバーナーなどで噴霧燃焼させるときの霧化性（液滴粒子の大きさ）に関係します．軽油の粘度は30℃で，重油の粘度は50℃で測定されています．

（6） 残留炭素分（JIS K 2270）

重質な燃料が不完全燃焼したときに炭化物を残す傾向を，残留炭素分（略して残炭）として表します．高沸点の多環芳香族成分などが熱分解と重縮合を起こして炭化物となるものです．

軽油，重油について発煙性，あるいはディーゼル車の排気ガス中の黒煙や固形粒子生成などに関係があるとされています．

ふた付きのるつぼを用いて測定を行います．

（7） オクタン価とセタン価（JIS K 2280）

ガソリンエンジン（火花点火エンジン）とディーゼルエンジン（圧縮着火エンジン）では，燃料の燃焼は間欠的で，燃料が瞬間的に正常燃焼するためには，自然着火温度（温度の上昇により自然に燃焼し始める温度，発火温度ともいう）が問題になります．

ガソリンエンジンでは，ガソリンと空気の混合気を圧縮して点火着火すると火炎が伝播して全混合気が燃焼します．ところがガソリンの自然着火温度が低いと，火炎が伝播する途中で，未燃の混合気が自然着火し急激な燃焼が始まりノッキング現象（異常燃焼）を生じます．

ガソリンにはノッキングを生じにくい性質（アンチノック性という）が必要になります．アンチノック性は自然着火温度が高いほど優れていて，オクタン価で表されます．

エンジンの圧縮比が高いほど，点火着火されるときの混合気の温度が高くなっているので，ノッキングを生じやすくなっています．

したがって，圧縮比の高い高性能エンジンほどオクタン価の高いガソリンが必要になります．オクタン価はガソリンに大変重要な性質なのです．

他方，ディーゼルエンジンでは高温・高圧に圧縮された空気（ガソリンエンジンより圧縮比が高い）の中へ燃料（軽油など）を高圧で噴射します．噴射された燃料は順次気化し混合気を形成しながら自然に燃焼を始めます．燃料の着火性が悪いと（自然着火温度が高いと）着火遅れを生じ，噴射された燃料の混合気が一度に燃焼するので，急激な圧力上昇を招きディーゼルノッキング（異常燃焼）を生じます．

着火性はセタン価またはセタン指数で表され，自然着火温度が低いほど優れています．

オクタン価とセタン価（セタン指数）は燃料の自然着火温度に関して逆の関係で，前者は自然着火温度が高いほどよく，後者は低いほどよい関係にあります．

自然着火温度は測定法によってやや異なりますが，測定の一例をあげます．

n-ブタン	490℃，	トルエン	552℃
n-オクタン	220℃，	ガソリン（オクタン価 92）	430℃
ベンゼン	580℃，	軽油（セタン価 60）	247℃

オクタン価は n-パラフィン，オレフィンは炭素数が少ないほど高くなります．炭化水素の種類ではイソパラフィン，芳香族はオクタン価が高く，ナフテン，n-パラフィンは低い値を示します．

オクタン価はイソオクタン（2,2,4-トリメチルペンタン）のオクタン価を 100 とし，n-ヘプタンのオクタン価を 0 として，両者の混合による標準燃料と比較して，試料と同一アンチノック性を示す

標準燃料中のイソオクタンの容量％で表します.

　セタン価はオクタン価とは逆の関係なので，n-パラフィンは高く，イソパラフィン，芳香族は低い関係にあります.

　セタン価は着火性の良い n-セタン（n-ヘキサデカン）のセタン価を 100 とし，着火性の悪いヘプタメチルノナン（2,2,4,4,6,8,8-ヘプタメチルノナン）のセタン価を 15 とし，両者の混合による標準燃料と比較し，試料と同一着火性を示す標準燃料中の両者の容量％から計算で求めます.

　オクタン価，セタン価の測定にはアメリカの共同研究組織 CRC（Coordinating Research Council）の燃料研究委員会 CFR（Committee of Fuel and Equipment Research）で開発されたそれぞれの試験エンジンが用いられます.

　オクタン価の測定法では CFR の試験エンジンの条件によって，リサーチ法とモータ法があって，リサーチ法は自動車の低速時のアンチノック性を表し，モータ法は高速時のアンチノック性を表します．日本ではリサーチ法によるオクタン価を採用していますが，アメリカではリサーチ法とモータ法によるオクタン価の平均値を採用しています．一般にモータ法のオクタン価はリサーチ法のオクタン価より低く求められます.

　セタン価は燃料の密度と沸点から計算されるセタン指数で近似的に示すことができるので，セタン価の代わりにセタン指数が多く用いられています.

（8）　**発熱量**（JIS K 2279）

　発熱量は単位量の燃料が燃焼したとき発生する熱量で，通常液体燃料では重量で 1 kg について，気体燃料では容量で 1 m^3（0℃，1 気圧における容積）について，それぞれ示します.

　また，石油のように水素をもつ燃料は燃焼により水を生じますが，

水の状態が液体であるか水蒸気であるかで，発熱量には 2 種類があります．水が液体であるとすれば，水の蒸発潜熱だけ発熱量は大きくなります．大きいほうの値を総発熱量，小さいほうの値を真発熱量といっています．

　石油製品の発熱量は 41.8〜50.2 kJ/kg（10 000〜12 000 kcal/kg）で，石炭の 20.9〜29.3 kJ/kg（5 000〜7 000 kcal/kg）よりかなり高い値をもっています．

　炭化水素の重量発熱量は水素/炭素比が大きいほど高くなるので，石油製品では，ガソリン＞灯油＞軽油＞重油の順になります．

　液体燃料の発熱量は水槽中においてボンベ式熱量計で測定します．

4. 石油の採り方

4.1 石油の埋蔵量とその将来——石油の資源と寿命

（1） 在来型石油の埋蔵量と可採年数——石油の寿命

石油の資源には在来型と呼んでいる通常の石油のほかに，1章でも述べましたが非在来型と呼んでいる大量の石油資源があります．まず在来型の石油の埋蔵量をみていきます．

石油は地下にあるすべての量が採収できるわけではありません．地下の貯留岩から石油が採収できる回収率は世界の平均で28%，巨大油田になると平均30〜32%といわれています．

石油の埋蔵量には地下にあるすべての量を意味する原始埋蔵量（資源量ともいう）と技術的・経済的に回収可能な量をいう可採埋蔵量があり，一般に埋蔵量という場合は可採埋蔵量をさします．

1.4節で述べたとおり，この可採埋蔵量についていくつかの種類の埋蔵量があります．

〈確認可採埋蔵量〉

略して確認埋蔵量，現在の技術と経済の水準で採収できる埋蔵量で，確認というのは油井（坑井井戸）を掘って確実に回収できると評価された埋蔵量です．

〈埋蔵量成長〉

既存の油田から技術進歩により回収可能になる埋蔵量の増加分で，埋蔵量の評価替えにより確認埋蔵量に追加されます．このことを埋蔵量成長といっており技術革新により埋蔵量成長が大きくなってき

ています．既存の油田に隣接して新たな油層が確認される場合や回収技術の進歩により回収率が向上して確認埋蔵量が追加される場合があります．

〈**未発見埋蔵量**〉

未発見の埋蔵量です．

〈**可採埋蔵量**〉

将来の埋蔵量成長および未発見埋蔵量を推算して，確認埋蔵量に加えた数字が可採埋蔵量と呼ばれています．今後採収できる埋蔵量の推算値ですから石油の寿命の予測値になります．しかし確認埋蔵量に比べて大変不確かな数字で，見方により大きく分かれます．

〈**究極可採埋蔵量**〉

可採埋蔵量に現在までの既生産量を加えた数字です．

〈**可採年数**〉

確認埋蔵量をその年の生産量で割った数字で，埋蔵量の指標として使われますが，埋蔵量成長や未発見埋蔵量を考慮していないので石油の寿命にはなりません．

これらの埋蔵量についていろいろな数字が発表されていますが，1.4 節であげたとおり，アメリカの地質調査所が 2000 年に発表した数字は**表 4.1** のとおりです．1 バレルは 0.159 kL です．

表 4.1　アメリカ地質調査所発表の各埋蔵量

確認埋蔵量	8 910 億バレル	1 417 億 kL	
埋蔵量成長	6 880 億バレル	1 094 億 kL	可採年数 29.9 年 (2007 年生産量より)
未発見埋蔵量	7 320 億バレル	1 164 億 kL	
可採埋蔵量	23 110 億バレル	3 674 億 kL	可採年数 77.6 年 (2007 年生産量より)
究極可採埋蔵量 (2007 年の生産量	30 210 億バレル 298 億バレル)	4 803 億 kL	

この可採埋蔵量に対する可採年数77.6年は大変不確かな数字ですが，石油の寿命の推測値になります．

これらの数字は，統計によって異なり，例えばBP統計（イギリスのブリティッシュ・ペトロリアム社の統計，代表的統計の一つ）では次の数字をあげています．

　　確認埋蔵量　12 379億バレル，可採年数41.5年（2007年生産量298億バレルより）

現在，確認埋蔵量に対する可採年数として約40年という数字が一般にいわれていますが，それは主としてこのBP統計の数字によるものです．

このほか，あとで述べますがオイルアンドガスジャーナルの統計では，最近，非在来型石油の1つのオイルサンドからの石油を確認埋蔵量に計上して，可採年数は50年としています．

ここで1970年代からの可採年数の推移をみると図 **4.1**のとおりで（オイルアンドガスジャーナルおよびワールド・オイル），可採年数は1970年代には30年前後であったものが，その後増加を続け1990年には45年に延長されています．各年の確認埋蔵量の追加がほとんどの年で生産量を大きく上回ってきた結果です．

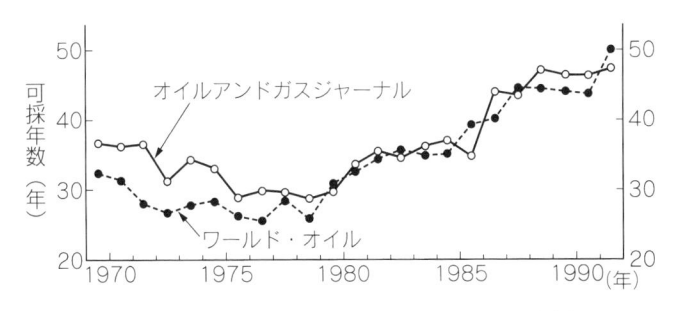

図4.1　石油の可採年数の推移（1970〜1992年）[1]

この確認埋蔵量の追加を新規油田の発見と既存油田の埋蔵量成長に分けると，1950年代以降の推移は**表 4.2**のとおりで，1970年代以降は新規油田の発見は低下しているのに対し，埋蔵量成長が増加し新規油田の低下を補っています．

表 4.2 確認埋蔵量追加の推移

単位　億バレル

	新規油田発見	埋蔵量成長	合　計
1952〜61年	2 060	1 700	3 760
1962〜71年	2 250	2 900	5 150
1972〜81年	1 700	3 170	4 870
1982〜91年	860	3 650	4 510
合　計	6 870	11 420	18 290

1960年代までは巨大油田など新規油田の発見が続きましたが，70年代以降は減少を続け，逆に埋蔵量成長が増加を続けています．このような埋蔵量の推移を地域別に比較すると，1970年と1995年の埋蔵量と可採年数は**表 4.3**のとおりです．

表 4.3 石油の地域別埋蔵量と可採年数（1970年と1995年）

	1970年		1995年	
	埋蔵量 （億 kL）（%）	可採年数 （年）	埋蔵量 （億 kL）（%）	可採年数 （年）
世　界	933.1(100)	33.4	1 601.9(100)	45.0
北アメリカ	75.9(8.1)	10.2	43.5(2.7)	9.0
中南米	41.6(4.5)	13.5	204.6(12.8)	44.3
西ヨーロッパ	5.9(0.6)	22.6	24.8(1.5)	7.3
東欧・旧ソ連	120.0(12.9)	25.6	132.3(8.3)	22.3
アフリカ	118.9(12.7)	32.9	116.3(7.3)	31.5
中　東	547.9(58.7)	67.7	1 048.7(65.5)	96.0
極東・オセアニア	22.9(2.5)	32.4	31.7(2.0)	14.2

オイルショック（1973年，79年）以降の世界の石油埋蔵量の伸びの大半は中東地域によるものですが，これは大部分が新規の油田の発見によるものではなく，既存油田の評価替えによるものです．OPEC産油国は1982年ごろから次々に埋蔵量の評価替えを発表してきており，それが世界の埋蔵量を押し上げ，可採年数を延長させてきました．

この25年間の世界の埋蔵量の増加量668.8億kLは，中東の増加量500.8億kLと中南米の増加量163億kLにほぼ等しい量になっています．25年間で世界の埋蔵量は中東への集中が進み（65.5％），そのほかでは中南米が伸びています（12.8％）．この状況がさらに進むことは可採年数からうかがえ，可採年数が大きい中東とそれにつぐ中南米へ世界の石油は集中する方向にあります．

また，可採年数が小さい北アメリカと西ヨーロッパでは，アメリカのおもな油田が1970年代に生産のピークを迎え，その後2000年ごろには西ヨーロッパの北海油田が生産のピークを迎え，それぞれ減少に向かっています．

世界の石油の埋蔵量の地域分布は，このように大きく変わりつつあり，中東への集中が進み世界の石油供給の不安定性を増加させる方向にあります．

（2） 非在来型石油の埋蔵量——将来の石油の寿命

石油には通常の石油より重質な（密度・比重が大きい）石油系の大きな資源があって，一括して非在来型の石油（原油）と呼んで区別しています．通常の石油は在来型です．

非在来型の石油は確認埋蔵量が不確かなものが多く，利用も進んでいないので，一般の石油の統計には含まれていませんでしたが，最近，そのなかのオイルサンドがオイルアンドガスジャーナルの統計に計上されるようになりました．

在来型の石油は一般に API（アメリカ石油協会）が定めた比重のAPI 度が 20 度以上，通常の比重では 0.93 以下のものをいいます．

API 度は原油の分類や取引に使われる比重で，次式で示され，数字が小さいほど重くなります．

$$\text{API 度} = (141.5/\text{比重}\ 60/60°F) - 131.5$$

非在来型の石油は API 度 20 度以下，比重 0.93 以上のもので，おもなものは次のとおりです．

① 重質油（ヘビーオイル）　API 度 10～20 度

在来型の石油と同じですが重質のもので，在来型に分類する例もあります．

② 超重質油（ウルトラヘビーオイル）　ほぼ API 度 10 度以下

油田が形成されるとき石油が地表に近いため揮発分が失われ，また雨水や微生物の作用を受け，超重質化したと考えられているものです．次の 2 つがあります．

　　カナダのオイルサンド　API 度 6～12 度

　　ベネズエラのオリノコタール　API 度 5～20 度

③ オイルシェール

石油ができる過程で，はじめに生物の遺骸などが貯留岩の中でおもに微生物の作用を受けケロジェンと呼んでいる有機堆積物になりますが [2.1 節(1)]，この過程の貯留岩が地下深くに埋没堆積しなかったため，そのまま残ったものがオイルシェールと考えられています．このオイルシェール中の有機堆積物，つまりケロジェンを分解して取り出したのがオイルシェール油です．

これらについて，存在状況，埋蔵量，利用状況などを要約します．

(a) 重質油

資源量は 7 000 億バレル以上といわれ，その約 30％，2 100 億バレルが確認埋蔵量になると推定されています．約 50％がベネズエ

ラに存在し,残りはロシア,イラク,メキシコ,中国などに分布しています.採掘するのに油が油層内で流動しにくいため,水蒸気攻法などの特別な方法が必要であり,また輸送に特別な方法が必要であるなどで,現在は開発・生産は本格化していません.

(b) カナダのオイルサンド

カナダのアルバータ州,ロッキー山脈西側に存在し深度は浅く,深い所で 600〜700 m,浅い所は地表近くに広がっています.確認埋蔵量は現時点で 1 740 億バレルであり,オイルアンドガスジャーナルの石油埋蔵量の統計に 2002 年から算入計上されているものです.このためカナダは通常の原油の埋蔵量 52 億バレルに加えると 1 792 億バレルとなり,一挙にサウジアラビアにつぐ世界第 2 位の確認埋蔵量をもつ石油大国になりました.

現在の生産量は 43 800 万バレル(日量 120 万バレル),6 967 万 kL で,カナダの生産量 1.49 億 kL の 47%を占めています.2020 年までに 350 万バレルに達すると見込まれています.

オイルサンドから採収される石油はビチューメンと呼ばれています.ビチューメンを採収するのに地表から深度 75 m 程度までは露天掘り,それより深いところは在来型の石油と同様に坑井(油井)を掘って回収します.露天掘りで採収されるのは 20%程度で,残りの 80%は坑井掘りになります.現在の生産は露天掘りと坑井掘りが半々です.

坑井掘りの方法として SAGD 法(Steam Assisted Gravity Drainage)という技術が開発され連続的な採収が可能になりオイルサンドからの石油の採収が進んでいます.

SAGD 法では 2 本の水平な井戸を,上下 5 m の正確な間隔で水平距離が 500〜1 000 m 程度掘り,上の井戸から高圧・高温の水蒸気を圧入して,それにより温められて流れるようになったビチュー

メンと，水蒸気が凝縮した温水とを下方の井戸から回収し，水は分離処理したあとボイラーで加熱して水蒸気として圧入されます．

大量の水とボイラーの燃料が必要で採掘コストは露天掘りより高くなります．しかし，露天掘りではビチューメンは砂に含まれた状態で採掘され，油分と砂の分離に大量の水が必要であり，また地表を広範囲に掘削するので採掘後の地表復元が必要になります．

採掘されたビチューメンはコンデンセート（天然ガスを採掘するとき回収されるペンタンなどの軽質炭化水素，天然ガスは油田で採収されることが多い）などの希釈剤を 2～3 割加えて流動性を高めてパイプラインで製油所に送り出されます．アメリカの製油所へもパイプラインで輸出されています．世界一の石油消費国でその 7 割近くを輸入に頼るアメリカにとって安定した供給源となり，それが生産拡大を加速しています．アメリカと隣接しパイプラインで送れることが利点です．

なお，ビチューメンは熱分解または水素化分解により改質して軽質化してから利用されますが，軽質化したものを合成原油と呼び，オイルサンド生産地で改質を行い合成原油としてアメリカに送ったり，ビチューメンに合成原油を混合して送っている例もあります．

(c) ベネズエラのオリノコタール

カナダのオイルサンドと同様に原油から揮発分が失われ超重質成分が残ったと考えられているものですが，カナダと比べて深度は 500～1 200 m と深く貯留層の温度が高く 40～70℃ となることから流動性があり在来型の石油と同じ坑井生産が可能です．

ベネズエラ東部のオリノコ川北岸の広大な地域に存在し，確認埋蔵量は 2 350 億バレルと推定されていますが，まだ不確定で確認埋蔵量の統計には計上されていません．近い将来，これが確認埋蔵量に組み入れられる可能性がありますが，そうなると在来型の原油埋

蔵量990万バレルと合わせて3344万バレルとなり,サウジアラビアを抜いて世界一の石油埋蔵量になります.現在の生産量は21900万バレル(日量60万バレル),3260万kLで,ベネズエラの石油生産量1.36億kLの24%を占めています.生産量は2012年までに日量120万バレルへ倍増する計画になっています.

ベネズエラの現在の政府(1999年にチャベス政権発足)は一部の国を除いて西側先進国とは距離をおいており,また国営石油会社には超重質油に関する技術がないとみられることからその開発が懸念されています.

(d) オイルシェール

オイルシェールは石油にまで変化する前のケロジェンが貯留岩中に含有されているもので,貯留岩中に4%以上含まれているものをオイルシェールといっています.

世界のオイルシェールの資源量は2.6兆バレルと評価されていて,その6割近く1.5兆バレルがアメリカ中西部ワイオミング州に分布し,深度は50m程度です.ついでブラジルに20%余りが存在し,そのほか中国をはじめ広く存在しています.

オイルシェールから油分を回収するにはオイルシェール(貯留岩)を掘削し粉砕した後,乾留する方法がとられています.1970年代のオイルショック後にアメリカで一時期生産が計画されましたが,コストが高いなどで中止され,現在はブラジル,中国などできわめて小規模なものがあるのみで,本格利用の例はありません.

以上の非在来型石油のなかで,確認埋蔵量として現在確定しているものと,近い将来確定する可能性があると考えられるものを合計すると6540億バレルとなります(**表4.4**).

在来型石油の確認埋蔵量の代表としてBP統計をあげ,これに非在来型石油の埋蔵量予定を加えると可採年数は41.5年から63.4年

に 22 年伸びることになります．2007 年の世界の生産量 298 億バレルによっています（**表 4.5**）．

また，アメリカの地質調査所があげる可採埋蔵量に対する可採年数 77.6 年は，非在来型石油の埋蔵量を加えると 99 年に伸びることになります．

表 4.4 非在来型石油の確認埋蔵量

オイルサンド	確認埋蔵量	1 740 億バレル
	現在生産量	3.65 万バレル
オリノコタール	確認埋蔵量（不確定）	2 700 億バレル
	現在生産量	2.19 万バレル
重質油	確認埋蔵量	2 100 億バレル
合　計		6 540 億バレル

表 4.5 在来型と非在来型石油の確認埋蔵量と可採年数

在来型石油の確認埋蔵量	12 379 億バレル	可採年数 41.5 年
非在来型石油の確認埋蔵量	6 540 億バレル	可採年数 21.9 年
合　計	18 919 億バレル	可採年数 63.4 年

（3） 世界の地域別の石油埋蔵量と石油消費量
——石油は偏在している

世界の地域別の石油埋蔵量・生産量と石油消費量の関係を概観します．

地域別と主要国別について 2008 年の石油の埋蔵量と生産量を**表 4.6** にあげます．統計はオイルアンドガスジャーナルによるもので，カナダのオイルサンドが計上されているので世界の可採年数は 50 年に伸びています．

次に地域別と主要国別の 2006 年の石油の消費量と輸出入量を**表**

表 4.6 地域・主要国の石油埋蔵量と生産量（2008 年）[2]

	確認埋蔵量 2008 年 (億 kL)（％）		生産量 2008 年 (億 kL)（％）	可採年数 (年)
世　界		2 134.11(100)	42.35(100)	50.4
北アメリカ		317.06(14.9)	4.33(10.2)	73.1
アメリカ		33.89	③ 2.84(6.7)	11.9
カナダ	②	283.17(13.3)	⑧ 1.49(3.5)	189.9
西ヨーロッパ		19.47(0.9)	2.35(5.5)	8.3
ノルウェー		10.62	1.23	8.6
イギリス		5.42	0.81	6.7
旧ソ連		159.00(7.5)	7.36(17.4)	21.6
ロシア	⑦	95.40(4.5)	① 5.66(13.4)	16.8
カザフスタン		47.70	0.80(1.9)	59.3
中　東		1 186.61(55.7)	13.43(31.7)	88.4
サウジアラビア	①	420.09(19.7)	② 5.17(12.2)	81.3
イラン	③	216.48(10.1)	④ 2.26(5.3)	95.6
イラク	④	182.85(8.6)	1.37(3.2)	133.2
クウェート	⑤	161.39(7.6)	1.35(3.2)	119.9
アラブ首長国	⑥	155.50(7.3)	⑦ 1.52(3.6)	102.4
アフリカ		186.13(9.3)	5.37(12.7)	34.6
リビア	⑧	69.42(3.3)	1.00(2.4)	69.5
ナイジェリア		57.59	1.13(2.7)	51.2
アンゴラ		14.37	1.09(2.6)	13.2
中南米		211.77(9.9)	5.20(12.3)	40.7
ベネズエラ		158.01	1.36(3.2)	115.9
ブラジル		20.07	1.05(2.5)	19.1
メキシコ		16.702	⑥ 1.63(3.8)	10.3
アジア・オセアニア		54.07(2.5)	4.30(10.2)	12.6
中　国		25.44	⑤ 2.21(5.2)	11.5
インド		8.94	0.39(0.9)	23.1
マレーシア		6.36	0.44(1.0)	14.6

注　丸付き数字は国別順位

4.7 にあげます.

2つの表から世界の石油の埋蔵量,生産量,消費量などの現状を地域別と国別に並べて要約すると**表 4.8** のとおりです.

石油の埋蔵量はカナダを除けば中東に集中し,可採年数がとびぬけて長いのが中東ですから,今後中東への集中がさらに進むことを意味しています.

生産は中東が3割で,これに旧ソ連・東欧,アフリカ,中南米を加えると74%を占めています.

表 4.7 地域・主要国の石油消費量と輸出入量(2006年)[3]

	消費量 2006年 (億トン)(%)	輸出量 2006年 (億トン)(%)	輸入量 2006年 (億トン)(%)	自給率 2006年 (%)
世　界	37.099(100)	21.345(100)	21.878(100)	
北アメリカ	8.812(23.8)	0.837(3.9)	5.841(26.7)	43.5
アメリカ	① 7.912(21.3)	0.013	① 5.388(24.6)	32.0
カナダ	0.900	⑥ 0.824(3.9)	0.453	144.3
西ヨーロッパ	6.750(18.2)	1.694(8.0)	6.156(28.1)	34.1
ドイツ	⑥ 1.116(3.0)		⑤ 1.097(5.0)	3.0
イギリス	0.758	0.449	0.515	91.9
旧ソ連	2.840(7.7)	3.247(15.2)	0.486(2.2)	197.9
ロシア	③ 2.095(5.6)	② 2.485(11.6)	0.023	218.5
中　東	3.408(9.2)	8.515(39.9)	0.421(1.5)	337.4
サウジアラビア	⑦ 1.006(2.7)	① 3.584(16.8)		456.3
イラン	0.710	③ 1.302(16.8)		283.5
クウェート	0.464	⑤ 0.876(4.1)		288.6
アフリカ	1.277(3.4)	3.686(17.3)	0.431(2.0)	355.1
中南米	3.334(3.4)	2.507(11.7)	0.718(3.3)	153.2
ブラジル	⑧ 0.868(2.3)	0.187	0.170	101.2
メキシコ	0.712	④ 0.991(4.6)		239.7
ベネズエラ	0.556	0.893		260.7
アジア・オセアニア	10.676(28.8)	0.859(4.0)	7.874(36.0)	33.5
中　国	② 3.225(8.9)	0.063	③ 1.452(6.6)	57.3
日　本	④ 1.994(5.4)		② 1.978(9.0)	0.1
インド	⑤ 1.449(3.9)		④ 1.109(5.1)	23.5

注　丸付き数字は国別順位

消費はアジア，北アメリカ，西ヨーロッパで7割を占め，生産地域と消費地域がまったく分かれています．それに加え生産地域の中東，アフリカには政情不安な国が多く，石油の供給を不安定なものにしています．石油は石炭や天然ガスに比べ，このように著しく偏在し，かつ供給不安要因をかかえています．

輸出は中東，アフリカ，旧ソ連で，輸入はアジア，西ヨーロッパ，

表 4.8 石油の埋蔵量，生産量，消費量などの地域別・国別の現状

埋蔵量	中東 55.7%，北アメリカ 14.9%，中南米 9.9%，アフリカ 9.2% サウジアラビア 19.7%，カナダ 13.3%，イラン 10.1%，イラク 8.6%
生産量	中東 31.7%，旧ソ連・東欧 17.4%，アフリカ 12.7%，中南米 12.3% ロシア 12.4%，サウジアラビア 12.2%，アメリカ 6.7%，イラン 5.3%
消費量	アジア・オセアニア 28.8%，北アメリカ 23.8%，西ヨーロッパ 18.2% アメリカ 21.3%，中国 8.7%，ロシア 5.6%，日本 5.4%，インド 3.9%
可採年数	中東 88 年，中南米 40.7 年，アジア 12.6 年，西ヨーロッパ 8.3 年 サウジアラビア 81 年，カナダ 189 年，アメリカ 11.9 年，中国 12.6 年
輸出量	中東 39.9%，アフリカ 17.3%，旧ソ連 15.9% サウジアラビア 16.8%，ロシア 11.6%，イラン 6.1%
輸入量	アジア・オセアニア 36.0%，西ヨーロッパ 28.1%，北アメリカ 26.7% アメリカ 24.6%，日本 9.0%，中国 6.6%，インド 5.1%，ドイツ 5.0%
自給率	日本 0.1%，ドイツ 3.0%，インド 23.5%，アメリカ 32.0%，中国 57.3%，サウジアラビア 456%，クウェート 288%，イラン 283%，ロシア 218%

北アメリカです．かつては石油輸出国であったアメリカと中国はそれぞれ自給率は32％と57％と輸入国に変わっています．今後の動向としては中国，インドの石油消費量が伸びて，中国の消費量と輸入量はアメリカに近づくと予測されます．

世界の油田，ガス田の分布を**図 4.2** にあげます．

4.2　石油の掘削と生産

石油（油田）の開発，生産にたずさわる産業を石油の上流部門と呼んでいます．下流部門は石油製品の製造，販売にたずさわる産業です．

上流部門は探鉱（石油を発見し油田を確認する），開発（油田を評価し生産の準備をする），生産（商業生産をする）の3つの過程に区分されます．

探鉱では地質調査，物理探鉱をへて油井（あるいは坑井）を掘削（試掘井になる）して確認をし，開発では開発井を掘削して油田を評価し，生産では開発井が生産井になります．

（1）　石油の掘削

開発から生産にいたる過程で，油田には，その規模に応じて何本もの油井が掘削されます．油田における油井の配置や間隔は油層の地質構造，特性に基づいて，回収率を考えて決められます．

油井の掘削という仕事は岩石を破砕して井戸を掘る仕事で，岩石を破砕する鋼製の機具をビットといいます．

当初は，ビットを落としたときの打撃力で岩石を破砕する衝撃式掘削方式が採用され，鋼製のビットを鋼索で引き上げたり落としたりして打撃する綱式掘削機が使われていました．

現在は，表面に刃を備えたビットを回転させて破砕する回転式

4.2 石油の掘削と生産

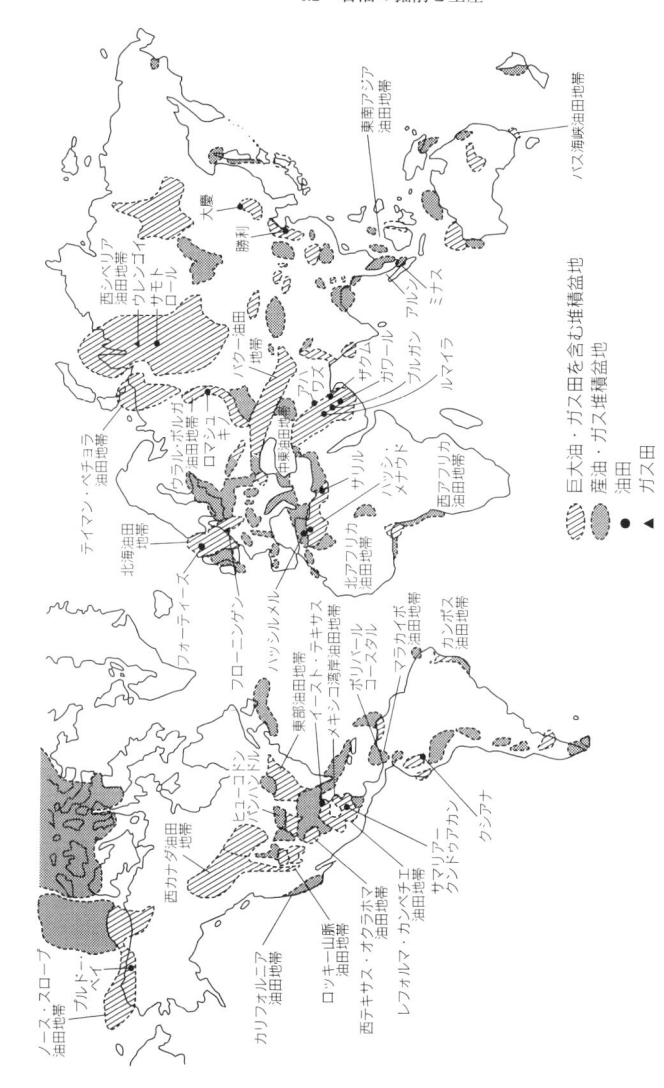

図 4.2 世界の油田・ガス田地帯（1995 年）[4]

（ロータリー式）が採用されています．刃を備えたビットの作用は回転により刃先に力を集中させて岩石をはぎ取っていく作用で，打撃とほぼ同じメカニズムです．

ロータリー式掘削方式は，フランスで1841年に考案されたもので，19世紀末から20世紀にかけて衝撃式掘削方式（綱式掘削機）に置き換えられ，現在はロータリー式掘削装置が用いられています．

ロータリー式掘削装置は掘管（ドリルパイプ，太い鋼管）の先端にビットを装着し，これを高速で回転させて掘削します．次の①〜④の4つの機構を備えています．概略図を**図4.3**に示します．

① 巻揚機構

巻揚機構はビットを交換する際に掘管を揚げ下ろしたり，ケーシングパイプ（図4.5参照）を下ろすために使います．鋼製または木製の櫓（やぐら）の上部の滑車から綱とフックにより掘管が吊り下げられ昇降されます．

ビットは掘進能率に関係し，岩石に合わせて途中で交換しながら掘削します．主として用いられるのは3つのコーン（円錐型）が組み合わされ，コーンにタングステンカーバイドの硬い刃が使われているコーンビットです．コーンビットの略図を**図4.4**に示します．

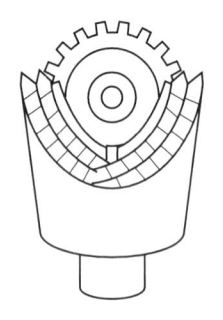

図4.4 コーンビットの概略図

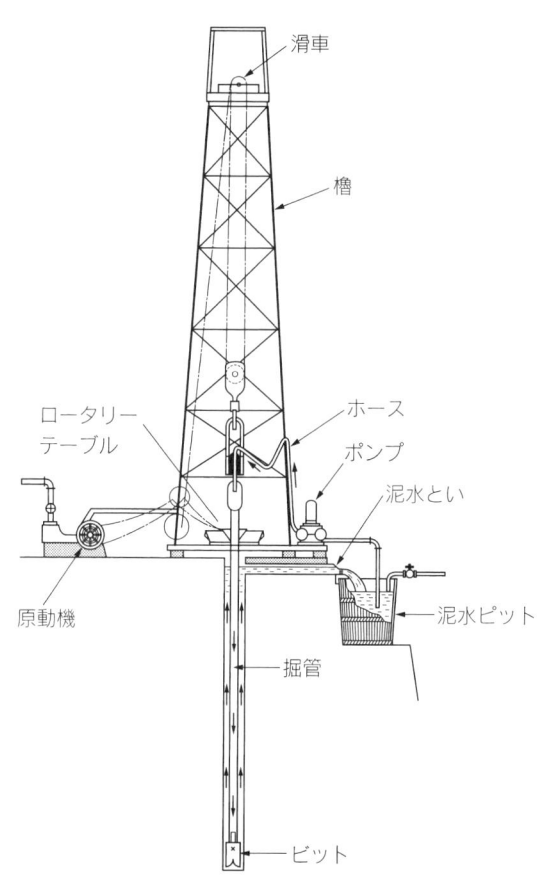

図 4.3 油井の掘削装置の概略図

ほかにダイヤモンドを埋め込んだダイヤビットなどがあります．

② 回転機構

回転機構はロータリーテーブルを原動機（ディーゼルまたはモータ）によりチェーンを介して回転させることにより，テーブルの中央の孔にはめ込まれた掘管を回転（毎分 50～200 回転）させる機構です．

③ 泥水循環機構

泥水循環機構は，粘土であるベントナイトを主成分とする泥水を循環させながら油井を掘削します．

泥水は泥水ピットからポンプで加圧されホースをへて送られ掘管の中を流下し，ビットの先端から流出し，掘管と油井のすき間を流れ上がって，再び泥水ピットに戻ります．

泥水は地下の圧力に対抗することを目的とし，泥水の圧力により井戸壁の崩壊を防いだり，石油の暴噴を抑えます．さらにビットの掘削の際の冷却・潤滑の役をしたり，掘くずを地上に運び出したりします．掘くずは，その時々の地下の貴重な情報を提供してくれます．

泥水はベントナイトを主成分とし，粘性と密度の調節，pH調節などのための添加剤や潤滑剤を配合したものです．

油層内は深度に比例して，温度，圧力が高くなります．5 000 m では 150℃ の温度，750～900 kgf/cm^2 の圧力（地下の圧力は静水圧の 1.5～1.8 倍といわれている）に達しています．

④ 防噴機構（装置）

防噴機構は油井内の圧力が急上昇するような場合，油井を一時的に密封する装置です．

次に，掘削作業では，油井を掘削しつつ，油井の中にケーシングパイプ（鋼管）を挿入し，外側をセメントで固定します．ケーシン

グパイプは地層の崩壊や漏水を防ぎ，井戸を保護するためで，はじめは大径のパイプを挿入し，掘削深度が深くなるにつれて，だんだん細いパイプを挿入します．ケーシングパイプの例を**図 4.5**に示します．

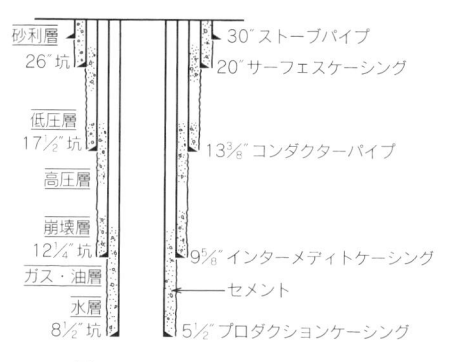

図 4.5 ケーシングパイプの例

最後に，油井の仕上げがあります．

石油が見つかると井戸を仕上げて石油の採収になります．生産の対象となる油層の部分にもケーシングパイプを挿入し，セメントで固定し，その後，石油の部分だけ火薬でケーシングに孔をあけます．

さらに油井の中にチュービングパイプ（鋼管）を下ろし，その上の地上に，クリスマスツリーと呼んでいる坑口装置を取り付けます．クリスマスツリー装置の略図を**図 4.6**に示します．

石油はチュービングの内部を通して生産されます．クリスマスツリーはバルブ，圧力計，温度計，流量制御のためのチョークなどより構成されています．チュービングとケーシングの間をふさぐためパッカーを設けます．

なお，油井掘進中の地下の情報を地上で得る技術の MWD シス

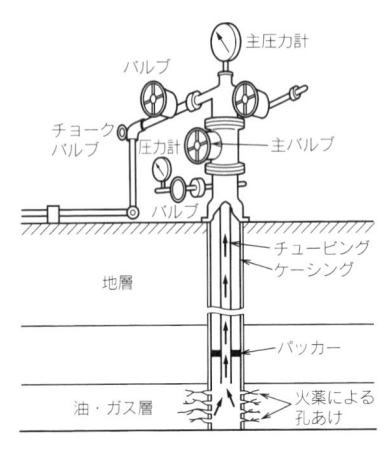

図 4.6 クリスマスツリー（自噴井）[5]

テム（Measurement While Drilling System）が開発されています．ビットの近くにセンサ類を取り付け，測定結果は泥水や掘管（導電体を取り付ける）を通じ，地上の情報受信システムに送られます．地層の状態，ビットにかかるトルクやねじれなどの多様なデータがリアルタイムでモニターされ掘削作業がコントロールされます．

（2） 傾斜掘り・水平掘り

　油井を途中から曲げて掘るのが傾斜掘りで，最近では傾斜を 90°，つまり水平に掘る水平掘りの技術も開発されています．傾斜掘り，水平掘りの概略を**図 4.7** に示します．

　傾斜をつける区間は掘管は回転させずに先端のビットだけを回転させて掘るターボドリルやダイナドリルが使われます．油井の傾斜や方位は，先ほどの MWD システムにより測定され，コントロールされます．

　油井を曲げて掘るには，曲げ用具としてベントサブと呼ぶものな

4.2 石油の掘削と生産

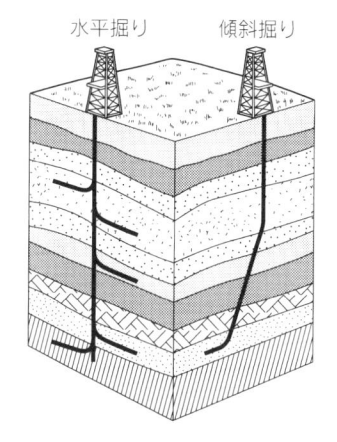

図 4.7 傾斜掘りと水平掘り

どや曲率をもったガイドパイプを挿入して傾斜をつけます．

ベントサブは上端と下端の接続ねじの中心軸がずれていて，ベントサブより下に取り付けられている部分は油井の軸より傾いていて，ビットは斜めの方向に進むようになります．

傾斜掘りの機構の一例を**図 4.8**に示します．

傾斜をつける区間に用いるターボドリルやダイナドリルは，ビットとガイドパイプの間にモータ（ダウンホールモータと呼ぶ）を取り付けたもので，モータは泥水の流れにより回転し，ビットが駆動されます．ベントサブとダウンホールモータに MWD システムを組み合わせて傾斜掘り，水平掘りを行います．

水平掘りは油層に沿って掘削，採収できるので，回収率の向上に有力な技術になります．油層の厚みが薄い地層や浸透率が低い油層においても産油能力が高められます．

海洋油田では，1つのプラットフォーム（人工島）から多くの方

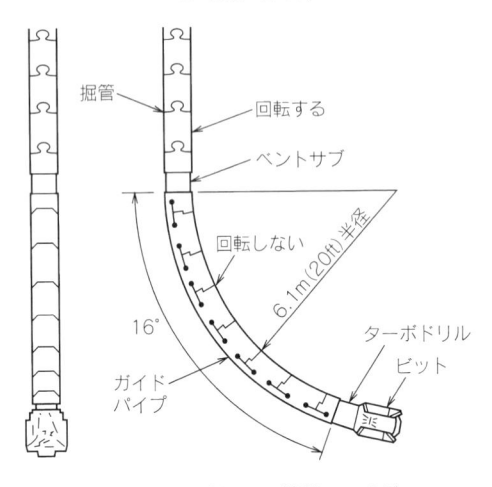

図 4.8 傾斜掘りの機構の一例[6]

向に何本も油井を掘ることができるので，大変有利になります．北海油田などで成果をあげています．

（3） 石油の生産

石油の生産は地下の石油（原油）を地上に回収し，随伴ガスを原油から分離し，不純物の水分などを除去し，商品として出荷できる原油にするプロセスです．

油層から油井（生産井）へ流入した石油およびガス（油層中では石油はガス層，水層と接し，ガスは石油中にも溶け込んでいるので，ガスや水の随伴がある）はチュービングを通して，地上のクリスマスツリーに流入します．

石油は何本もの生産井から集められ，所要の処理がなされて貯油タンクに蓄えられます．

分離されたガスは基地内の燃料に用いられ，余剰のガスは油層に圧入されたり，液化天然ガスとして利用されることもあります．

4.2 石油の掘削と生産

　油層では，石油は高い圧力を受けていて，石油中には大量のガスも溶け込んでいます．地下深部に圧縮された状態でたまっている石油は油井で掘りあてると自噴します．石油を生産するにともない，油層内の圧力は徐々に下がっていき自噴が止まります．

　生産井は，油層のもつ自然のエネルギーによって石油が産出してくる自噴井と，油層圧力の減退あるいは場合によっては最初から油層圧力が低く自噴能力がないため，人工採油する井戸に大別されます．

　人工採油には，油井内にポンプを設置して採油するポンプ採油と，油井内に原油から分離したガスを圧入し原油のみかけ上の密度を下げて採油するガスリフト採油があります．

　ポンプ採油の1つにサッカーロッドポンプがあります．サッカーロッドポンプの略図は**図 4.9**のとおりで，チュービング内の油層に

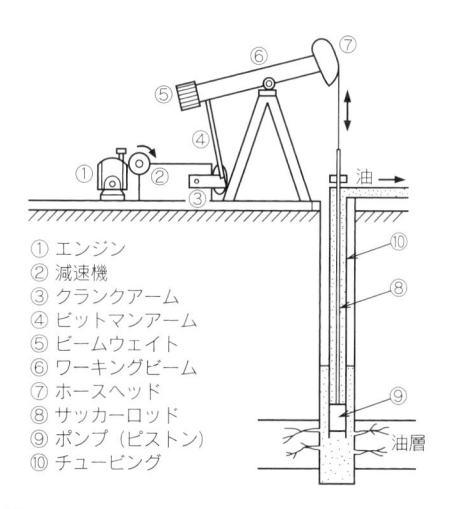

① エンジン
② 減速機
③ クランクアーム
④ ピットマンアーム
⑤ ビームウェイト
⑥ ワーキングビーム
⑦ ホースヘッド
⑧ サッカーロッド
⑨ ポンプ（ピストン）
⑩ チュービング

図 4.9 サッカーロッドポンプ（ポンプ採油）[7]

近いところでピストンを,地上からの長い棒により上下させて石油を地上に送り出す方法で,古くから用いられています.

自噴採油,ポンプ採油,ガスリフト採油で回収するのが一次回収で,回収量は一般に油層内の石油の20～30%が限度であるとされています.

石油の回収率をさらに高めるために,4.4節で述べる二次・三次の回収法が開発されています.

4.3　石油の海洋開発

現在,世界の石油生産量の25%が海洋油田から生産されています.また,将来発見されると予想されている7 320億バレルのうち50%近くは海洋に存在すると推定されています.

陸上の石油の開発が進むにつれ,石油開発における海洋の占める割合が増加しつつあります.海洋における石油資源の55～70%は陸地の延長である大陸棚にあると考えられています.

海洋における本格的な石油掘削は,1947年にメキシコ湾,アメリカのルイジアナ沖で始められました.

最初は浅い海域に限られていましたが,海洋開発技術の急速な進歩とともに,大陸棚から深海底へと対象が発展しています.ブラジルのカンポス沖のアルバコーラ,マーリムの油田では水深1 800～2 200 mに及んでいます.

海洋では波,潮流,風などのきびしい環境の中で掘削作業を行いますが,掘削水深の増大は,掘削装置や施設が次々と開発されこれらにより掘削技術が進歩したこと,掘削コストが削減されたこと,によっています.そうして大水深の開発が可能になってきました.

掘削システムは着底式のものと浮遊式のものに分けられます.

着底式のものには固定式プラットフォーム（人工島）を設置して，その上にリグ（掘削装置のこと）を搭載するものと移動式のジャッキアップ型（甲板昇降型）のリグがあります．

固定式のプラットフォームには鋼製のもの（ジャケット型）やコンクリート製のもの（コンクリートグラビティ型）などがあります．

移動式のジャッキアップ型は，脚を下ろして海底に着け，ジャッキアップすると位置が固定されます．水深が大きくなると試掘のためだけにプラットフォームのような構造物を構築することは経済的でありません．そこでジャッキアップ型が開発され，海洋石油掘削装置として，非常に多く利用されています．

しかし，ジャッキアップ型は装置の大きさと脚の長さに技術上の制約があって，100〜110 m くらいの水深が限界です．

浮遊式のものには半潜水型（セミサブマージブル型）と掘削船型（ドリルシップ型）があります．位置を保持するには，前者はアンカーと係留索による方式をとり，後者は DPS（ダイナミック・ポジショニング・システム）による方式をとっています．

DPS 方式は海底のビーコンとリグのハイドロフォンで常時リグの動きを検知し，位置がずれたときはスラスターを正位置に戻す方向に作動させ位置を保持します．このため 2 000 m を超える大水深の海域でもリグを稼働させることができます．

セミサブマージブル型は本体が半分近く海面下に沈んでいるもので，海面下にかなり沈んでいることで，波や風に対して安定しています．

ドリルシップ型は，新規建造もあれば，中古タンカーの転用もありますが，波の方向にリグを向けることにより風波の影響を小さくします．

浮遊型のリグでは海面上の動きをゼロにすることはできませんが，

海底の油井に対し，一定の範囲内にリグの位置を保持させることになります．このため掘管をガイドするのにフレキシブルジョイントが装備され，水深の5%以内のずれは許容されます．

浮遊型のリグの場合，石油が見つかり，油井を仕上げて生産井にするのに，海底仕上げの方法が開発されています．海底の坑口にサブシーウェルヘッド，クリスマスツリーなどの坑口装置が取り付けられ，石油はフレキシブルパイプでドリルシップなどの貯油タンクに送られます．

いろいろな海洋掘削装置の概略図を図 4.10 に示します．

一方，固定式プラットフォーム（着底式）の生産井でも 300〜400 m の大水深のものもあります．1989 年にメキシコ湾のブルウィンクル油田では水深 410 m にジャケット型のプラットフォームが設置されています．1947 年，メキシコ湾で本格的海洋油田開発が始められたときのプラットフォームは水深 6 m，重量 1 200 トンというものでしたが，ブルウィンクル油田では重量 116 000 トンに及んでいます．その間のプラットフォームの推移は図 4.11 のとおりで

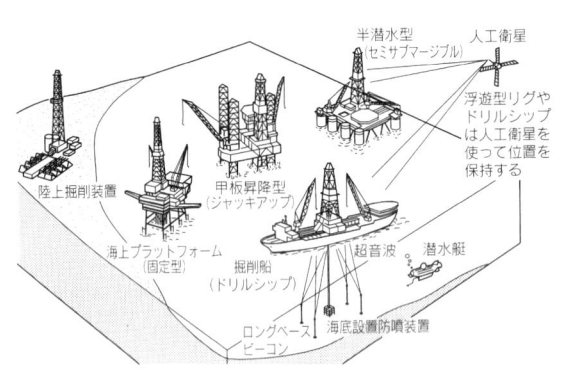

図 4.10　各種の海洋掘削装置[8]

4.3 石油の海洋開発

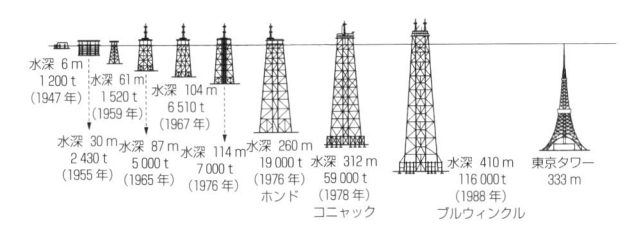

水深 6 m　水深 61 m　水深 104 m
1 200 t　　1 520 t　　6 510 t
(1947年)　(1959年)　(1967年)

水深 30 m　水深 87 m　水深 114 m　水深 260 m　水深 312 m　　　　水深 410 m　東京タワー
2 430 t　　5 000 t　　7 000 t　　19 000 t　　59 000 t　　　　　116 000 t　333 m
(1955年)　(1965年)　(1976年)　(1976年)　(1978年)　　　　　(1988年)
　　　　　　　　　　　　　　ホンド　　コニャック　　　　ブルウィンクル

図 4.11 メキシコ湾とアメリカ西海岸の固定式
プラットフォームの推移[9]

す.

　また，浮遊式システムのセミサブマージブル型と海底に設置されたウェルヘッドを鋼製パイプなどで垂直に接続するテンション・レグ・プラットフォームと呼ばれる方式も開発されています．固定式プラットフォームに比べコストは少なくてすみ，浮遊式システムに比べて波浪中の上下動が少なく，海上仕上げシステムが適用できるものです．1996年にメキシコ湾の水深 894 m に設置されたものがあります．

　ブラジルのカンポス沖の最大水深 1 800～2 200 m の油田では，セミサブマージブル型やドリルシップ型の浮遊式が採用されていますが，今後はテンション・レグ・プラットフォームの設置が検討されています．

　このように大水深の海洋油田の掘削技術が次々に開発されてきています．

　世界で，石油の海洋開発が広く行われているのはメキシコ湾と北海油田です．

　メキシコ湾は，1947年のルイジアナ沖に始まり，ブルウィンクル油田，レナ油田，ジェリエット油田，オーガー油田などといった多くの中小油田が開発され，関係のインフラも非常に整備されてい

ます.

　1970 年代までは水深 200 m 以下がほとんどでしたが, 1980 年代後半には水深 400～500 m の油田が多く開発され, 2006 年には水深 2 000 m を超える大水深の油田も発見されています.

　他方, 北海油田は, 1950 年代にオランダのフロニゲン地方で天然ガス田が発見されたことに端を発し, 石油の有望地域として注目され, 間もなく油田が発見され, 1970 年から商業生産に入っています.

　北海は強い風と波, 冬の寒気という厳しい条件のなか, 悪条件を克服するために新技術が次々と登場し, 石油の海洋開発技術の推進場となってきました.

　北海での生産コストは中東における生産コストの数十倍で, 石油ショックによる油価の高騰がなければ, 一部の巨大油田以外は, とても開発の対象とはならなかったわけです.

　北海油田の開発は, 主としてイギリスとノルウェーで, この両国は, ヨーロッパ各国に石油と天然ガスを供給してきました.

　北海油田は水深が 70～150 m の油田が大半を占めていますが, 350 m の油田も開発されています.

　北海油田の生産量は, 最近までは, 1990 年代半ばにピークを迎え, その後減少するとみられていましたが, 新油田の開発と既存油田の埋蔵量成長により, 生産の伸びを維持してきました. しかし 2000 年ごろから生産はピークを迎え減少に向かいつつあります.

　メキシコ湾と北海についで, ブラジルのカンポス沖と西アフリカのアンゴラ沖で海洋油田の開発が進み, 水深 1 000 m 以上の油田の発見が続いています (4.5 節参照).

4.4 石油の二次・三次回収——石油の寿命の延長

1970年ごろから,新規油田の発見は減少してきていますが,既存油田の可採量(埋蔵量の成長)が大きく拡大してきていることは前に述べました.この埋蔵量の成長をもたらす技術の1つが油層からの石油の回収率の向上です.

一次回収の回収率の限界は20～30%といわれていますが,一次回収で取り残された石油を回収するのが二次回収で,回収率は30～40%といわれています.さらに二次回収でも採収できなかった石油を回収するのが三次回収で,回収率は40～60%まで引き上げられるといわれています.

新規の油田の発見が減少していくなかで,既存油田からいかに多くの石油を採収するかは,きわめて重要な技術です.

二次回収法として一般的に行われている方法は井戸を掘って油層に水を圧入し,油層内の圧力を回復して石油を回収する水攻法と呼ばれている方法です.このほかにガスを圧入して油層の圧力を補う圧力維持法もあります.

石油を生産すれば,油層から石油と,それに随伴するガスがなくなっていき,油層内の圧力が徐々に下がっていきます.圧力が下がれば石油の生産量も下がっていきます.自噴が止まればガスリフトやポンプの力を借りて石油を汲み出しますが,それでも生産量は下がっていき,1日の生産量がある限度以下になると経済的には成り立たなくなるので,その油田の寿命は終わってしまいます.

二次回収は,油層の圧力を人為的に高めて,再び生産量を上げていく方法で,その方法として油層に水またはガスを押し込みます.

水攻法では,油層の圧力を補うとともに,水で油を置換し,その両方の効果で,生産量が増加します.水攻法に用いられる水には,

油層水と混合しても沈殿などを起こさないための処理,浮遊粒子や溶解している酸素の除去,などを行います.

次に,三次回収法は,二次回収法によっても取り残された残留原油を回収する技術です.

油層の貯留岩の孔隙にトラップされた残留原油を流動化させて回収を促進する技術で,EOR（Enhanced Oil Recovery,採油増進法）と呼ばれています.

三次回収法にはおもな方法として,熱攻法,ガス攻法,ケミカル攻法の3つがあります.

① 熱攻法

熱攻法は水蒸気などの熱エネルギーを利用するもので,油層を温めることにより,油層内の油の粘性を低下させ,油の流動を容易にし,また温度上昇による油の体積膨張や軽質分の気化現象の効果により,生産量の増加をはかるものです.温度による油の粘性低下は重質な原油ほど大きいので,重質原油にとくに有効です.

熱攻法として広く行われているのが,水蒸気を圧入する水蒸気攻法で,三次回収法の中で,最も多く採用されています.

地上から熱を圧入する代わりに,油層に空気を圧入し,油層の原油の一部を燃焼させ（自然着火または人工的に着火）,この熱を利用する火攻法もあります.

このほか,水蒸気の代わりに熱水を用いる熱水攻法もあります.

② ガス攻法

ガス攻法はガスを圧入し,ガスにより油を置換させ油の生産量の増加をはかるものです.

圧入するガスとしては炭化水素ガス（油田で産出する天然ガスなど）,二酸化炭素,窒素,燃焼排ガスなどがあります.

ガス攻法では,ガスの油中への溶解による油の体積膨張および

粘性低下，さらにガスと油のミシブル状態（混相状態）形成の場合もあります．

　ミシブル状態が形成されると油はガスと一体となって置換されていくことから，原理的には100%近い油を採取することができますが，ミシブル状態の形成には圧入するガスと油層の油の性質によりある一定の温度，圧力の条件が必要です．油田において，この条件を満足できるとは限りませんが，ミシブル状態を達成できなくとも，高い圧力を維持することにより回収率を高めることができます．

③　ケミカル攻法

　ケミカル攻法はポリマー，界面活性剤などのケミカル溶液（通常水溶液）を圧入して生産量の増加をはかるものです．

　ポリマー（増粘剤）は圧入流体（通常は水）の粘性を高め掃攻率（圧入流体が油層に占める割合）を向上させるものです．

　二次回収の水攻法で，水の粘性が油のそれに比べて低く，動きやすいため，圧入した水が油を生産井のほうに押せず，油層の一部を通って先走りする（バイパスする）のをポリマーにより水の粘性を高めて防ぐことができます．

　界面活性剤は油の一部を可溶化（通常は水に対して）したり，界面張力を低下させて，油層の貯留岩の孔隙中にトラップされている油を回収するものです．この方法は回収率が高いことが特徴ですが，孔隙表面での吸着などによる界面活性剤の減耗があってコストがかかるので適用例は多くありません．

EOR法（三次回収法）は，油層の特性により適用に適・不適があります．

　熱攻法は，貯留岩が比較的高い浸透率（2.1節）をもつ油層に適し，高粘性の油にも適用されます．

ミシブル攻法は，貯留岩の浸透率は問題になりませんが，油が低粘性である場合に限られます．

ケミカル攻法は，中粘性油から低粘性油を対象としますが，化学品によりますので，温度の高い油層には向きません．

EOR法のうち，水蒸気攻法は経済的にも効率が高く，現在，主流を占めています．アメリカ，カナダ，ベネズエラ，中国などでさかんに適用されています．

炭酸ガス（二酸化炭素）や炭化水素（天然ガスなど）によるガス攻法（ミシブル攻法）も，これらのガスが十分に確保されている場合は，経済性，回収率とも水蒸気攻法と同程度が期待できるので，その適用が進んでいます．北海，カナダなどで例が増えています．

世界におけるEOR法による生産量は190万バレル/日（11 020万kL/年）とする推定や160万バレル/日（9 280万kL/年）とする推定があって，石油の全生産量に占める割合は3%程度といわれています．その内訳は，熱攻法が約50%，ガス攻法が約40%，ケミカル攻法が約10%となっています．

世界のEOR法による生産は，いまのところ，まだ少ないですが，多くの国が，その適用と技術開発に取り組んでいるところで，今後の埋蔵量成長が期待されます．また，中東などの巨大油田に将来適用されれば大きな成果が期待できるとみられます．

三次回収（EOR法）は，圧力だけでは動くことができない貯留岩の孔隙に残った原油を，熱，ガス，界面活性剤を使って動かすという高等技術です．ただ，コストがかかるため，経済性の問題から適用が限られています．原油の価格が上昇すれば適用が加速されることになります．

いずれにせよ，二次・三次回収は，老朽化して寿命に近づいた油田を復活させる方法です．二次・三次回収による生産量回復の効果

を示す概念図を**図 4.12**に示します．

油の回収率が60％に引き上げられれば，これまでに採収したのと，ほぼ同量の石油が確保されることになります．

なお，二次・三次回収の技術のみならず，水平坑井などの回収率向上のすべての手法を対象に IOR 法（Improved Oil Recovery）という言葉も使われています．

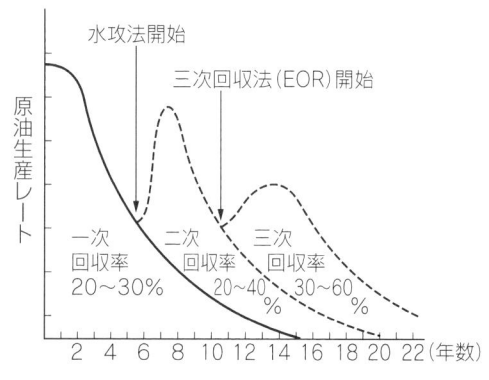

図 4.12 原油の二次・三次回収の効果

4.5　最近発見・開発された油田──海洋油田

最近10年ほどの間に各地で大きな油田が発見されていますが，その多くは海洋油田で，水深1 000 m 以上の深海での発見が相ついでいます．深海油田の代表はブラジル，西アフリカ，メキシコ湾の3地域です．そのほかカスピ海では2000年に巨大なカシャガン油田が発見されるなどで注目されています．それら最近発見されたおもな海洋油田についてあげます．

(1) ブラジル——大水深・大深度の油田

ブラジルでは1960年代から海洋での石油の探鉱を始めて，1970年代のはじめから南部のカンポス沖（リオデジャネイロから250 kmの沖合い）を中心に本格的な開発が進められ，1980年代中ごろから水深300〜2100 mの油田の発見が続いて生産量が急増し，南アメリカではベネズエラにつぐ産油国になっています．ブラジルの石油の6割が海洋油田ということです．開発は国営のペトロプラス社が進めています．

2007年から2008年にカンポス沖合いで大水深・大深度の油田の発見が続いています．そのおもな例は次のとおりです．

タピ油田	2007年	水深2167 m	掘削深度5314 m
	確認埋蔵量50〜80億バレル		
イアラ油田	2008年	水深2230 m	掘削深度2230 m
グアラ油田	2008年	水深2141 m	

タピ油田が2009年からテスト生産を開始したところで，最終的には日量100バレル（年36500万バレル，5804万 kL）をめざすとしています．イアラ油田は2013年の生産開始を予定しています．

大水深，大深度の掘削を行える掘削装置が不足するなどで本格的生産が遅れていますが，今後，これらの新規油田の開発・生産が進むと，ベネズエラに匹敵する石油輸出国になると考えられます．

(2) アンゴラ——大水深の油田

西アフリカのアンゴラでは1960年代後半から沖合いの水深100 m以下の油田が発見されていましたが，1990年代からは水深300〜1500 mの油田の発見が続き，現在は日量180万バレル（年65700万バレル）の産油国に成長しています．

アンゴラの油田は，陸上，沖合い，深海（水深300 m以上），大

水深(水深1 500 m以上)に大別され,欧米の石油会社を中心に開発が進められています.最近のおもな油田の例は次のとおりです.

ジャスミン油田	2001年生産開始
	日量25万バレル(年9 125万バレル)
グレタープルトニオ油田	2007年生産開始
	日量20万バレル(年7 300万バレル)
PSVM油田	2012年生産開始予定
	日量15万バレル(年5 475万バレル)予定

(3) メキシコ湾

メキシコ湾のテキサス州とルイジアナ州の沖合いでは1960年代後半より浅海で生産を続け,1980年より深海(水深300 m以上)での生産が始まり,現在では深海の生産が浅海より多くなり,最近は大水深(1 500 m以上)の油田の発見が続いています.

メキシコ湾の確認埋蔵量は41億バレルで,アメリカの214億バレル(34.0億kL)の約20%を占めています.現在のメキシコ湾の原油生産は浅海が日量50万バレル,深海が日量100万バレルです.大水深の油田には2006年にニューオリンズ沖合い450 kmで発見された水深2 130 m,深度2 588 mの油田など数油田が発見されています.

(4) カスピ海

カスピ海の油田開発はソ連が崩壊した1990年以降に欧米の石油会社により進められてきました.ソ連時代からアゼルバイジャン沖合いの油田の存在は知られていましたが,海洋油田開発技術が遅れていて開発は行われていませんでした.

カスピ海は世界最大の湖で,北部は水深が5 mより浅く,南に向かって深くなり,南部の最大水深は995 mに達しています.カスピ

海の油田開発は新しく，2000年に北部の海域，カザフスタンの沖合いでカシャガン油田が発見されて以降，油田の発見が続いています．

アメリカの地質調査所の2000年の報告では既発見量（既生産量を含む）と未発見量の合計の推計値（ロシアを除く）が700億バレルとしています．おもな国の推計値は**表4.9**のとおりです．

表4.9 カスピ海の石油確認および未発見の埋蔵量[10]

	確認埋蔵量	未発見埋蔵量
カザフスタン	201億バレル	211億バレル（陸域79億バレル，海域131億バレル）
アゼルバイジャン	45億バレル	63億バレル（陸域2億バレル，海域62億バレル）
トルクメニスタン	18億バレル	68億バレル（陸域5億バレル，海域63億バレル）

その後の油田発見の継続から，この数値は上方修正される可能性があるといわれています．

カスピ海周辺の陸域ではカザフスタンで1979年に巨大なテンギス油田が発見され，埋蔵量は90億バレルとされています．2000年に発見されたカシャガン油田はテンギス油田に隣接する浅海で発見され，その後ロシア側でも油田が発見されています．

カシャガン油田は確認埋蔵量は90～120億バレルですが，生産開始が遅れ，2013年の開始をめざしています．生産量は日量120万バレル（年43 600万バレル，6 964万kL）に達する見込みです．カシャガン油田のあと2002年以降にカラムカス油田など4油田が発見されています．

一方，南部のアゼルバイジャン沖の水域では1979～87年にACG油田（アゼリ，チラク，シスリの3油田の頭文字，アゼルバイジャンの首都バクーの沖合い170 km）が発見されていました．水深100

〜400 m に位置し，ソ連時代には開発されず，1994 年に西欧の石油会社により開発が進められ，2002 年に生産を開始し（深度 2 500〜3 000 m），2008 年には日量 90 万バレル（年 32 650 万バレル）を生産しています．

カスピ海における探鉱・開発のペースが上がらないのには国際石油市場への出荷ルートが少ないことがあります．南部にはバクーから黒海北部のノボロシスクにいたるパイプラインがありますが輸送力などの問題があったので，ACG 油田の本格生産のためにバクーからボスボラス海峡を経由せず直接地中海へいたる BTC ルートが着工され，2006 年に完成・稼働しています．

一方，北部にはテンギス油田から黒海のノボロシスクにいたる CPC パイプラインがありますが，カシャガン油田の生産が開始されれば送油能力が不足するので，BTC ラインの利用などが計画されています．しかし，現在開発中の油田が生産を開始すれば送油能力は不十分です．

引 用 文 献

1) 石井彰（1995）：第 37 回石油学会講習会（石油学会），p. 10
2) 矢野恒太記念会（2009）：2009/10 世界国勢図会，p. 188〜191
3) 同上，p. 190
4) 山崎豊彦編（1997）：オイルフィールド・エンジニアリング入門，p. 47，海文堂出版
5) 同上，p. 147
6) 同上，p. 104
7) 同上，p. 149
8) 石油鉱業連盟（1993）：石油開発技術のしおり，p. 22
9) 同上，p. 38
10) 石油天然ガス・金属鉱物資源機構調査部（2009）：石油資源の行方，p. 88，コロナ社

5. 石油の精製
——石油製品の製造法

5.1 石油の精製の概要と工程

原油から石油製品をつくることを石油の精製（Refining）と呼び，石油の精製工場を製油所（Refinery）と呼んでいます．おもな石油製品は沸点範囲の低い順にLPガス（液化石油ガス），ガソリン・ナフサ，灯油，ジェット燃料，軽油，重油です．

ナフサとガソリンは同じ留分の名称ですが，ナフサはその留分を意味し，ガソリンは製品を意味します．ナフサにはガソリン以外に石油化学原料などの用途があります．ガソリン以外の用途のナフサをガソリンと並べてナフサと呼ぶことが多く，その大半は石油化学原料です．

ジェット燃料は灯油の留分または灯油・ガソリンの留分からつくられます．

日本で輸入している原油を地域別，国別（おもな国）に2007年の例について**表5.1**にあげます．中東が86％を占め，OPECの合計が87％に達しています．

次に日本で輸入しているおもな原油とその性状を**表5.2**にあげます．

原油から蒸留で得られる各留分の割合は原油によって決まってしまいます．輸入原油の大半を占める中東原油は硫黄分の多い原油で，製品をつくる工程で硫黄分の除去が重要になります．

原油から石油製品をつくるおもな工程は蒸留（常圧と減圧があ

表 5.1 日本が輸入している原油の地域別, 国別構成（2007 年）[1]

	数量(万 kL)	構成比(％)
合　計	24 202	100.0
中　東	20 922	86.4
サウジアラビア	6 687	27.6
アラブ首長国連邦	5 768	23.3
イラン	2 955	12.2
カタール	2 591	10.4
中立地帯	454	1.9
イラク	216	0.9
東南アジア	1 267	5.2
インドネシア	786	3.2
ブルネイ・マレーシア	209	0.9
旧ソ連	880	3.6
アフリカ	813	3.4
スーダン	599	2.5
OPEC の合計	21 188	87.5

表 5.2 主要輸入原油と性状[2]

	API 比重	硫黄分(％)	留　分			残油硫黄分(％)
			ナフサ(％)	灯軽油(％)	残油(％)	
アラビアンライト	33.0	1.89	25.0	27.0	48.0	2.86
アラビアンエクストラライト	39.0	1.14	25.5	33.7	39.3	2.10
アラビアンヘビー	27.5	2.82	20.0	21.0	56.5	4.51
マーバン(アラブ)	39.7	0.78	24.3	31.9	42.5	1.60
イラニアンライト	33.5	1.46	21.1	22.9	43.5	2.53
イラニアンヘビー	29.9	1.85	19.1	30.4	49.0	2.60
カタールマリン	33.6	1.85	20.5	32.0	43.0	2.75
クウェート	30.5	2.62	19.5	24.4	53.2	4.00
オマーン	32.7	1.11	21.5	23.6	55.0	1.62
スマトラライト(インドネシア)	33.9	0.09	8.9	31.6	59.5	0.11
セリアライト(ブルネイ)	36.4	0.08	24.1	52.7	21.8	0.17

注　API 比重は数字が小さいほど重くなる［4.1 節（2）参照］.

る),脱硫(硫黄分などの不純物を除去する),分解(重質留分を軽質留分に分解する),改質とアルキル化(高オクタンガソリンを製造する)の4つに大別されます.なお表5.2のAPI比重は4.1節(2)に説明があります.

次に日本の石油製品の最近の需要の割合をアメリカ,ドイツと比較して**表5.3**に示します(2007年).

表5.3 石油製品の構成(2007年)[3]

	日本(%)	アメリカ(%)	ドイツ(%)
ガソリン	27.1	46.6	20.5
ナフサ	22.2	9.1	10.2
灯油・ジェット燃料	13.2	17.9	16.7
軽油	16.3	23.6	46.8
重油	21.2	2.8	5.8

表5.3と表5.2を比べると,原油から蒸留で得られる留分ではナフサ・ガソリンが不足し重油(残油)が大きく余ってしまうので,残油(重油になる)を分解して軽質分(ナフサ・ガソリン)に変える必要があることがわかります.アメリカ,ドイツでは重油は非常に少なく残油の大半を分解してしまいます.残油の大半を分解してしまうことをボトムレス(残油なし)といっていますが,2.3節(1)で述べたとおり(表2.7),日本でも石油の用途の推移では重油の減少が続いています.

おもな工程の要点をあげます.

① 蒸留

原油を常圧の蒸留によりガス・LPガス,ガソリン・ナフサ,灯油,軽油の各留分および常圧残油に分け,ついで減圧の蒸留により常圧残油を減圧軽油,減圧残油に分けます.

② 水素化脱硫

各留分および常圧残油を高温・高圧下で水素とともに脱硫触媒へ通すことにより硫黄，窒素などの不純物を除去・減少させます．重質留分ほど硫黄は除去されにくい形で存在しているので高温・高圧で脱硫を行います．常圧残油の脱硫には間接脱硫と直接脱硫があります．

③　接触改質

ガソリン留分を水素化脱硫したものをオクタン価を高めるため高温と水素加圧した条件で改質触媒上（脱水素と異性化の機能の組合せ）へ通すことにより成分の炭化水素をオクタン価の高い炭化水素へ変換するものです．

④　アルキル化

接触分解の分解ガスから得られるイソパラフィンに触媒を用いてオレフィンを付加してオクタン価の高いイソパラフィンを合成するものです．

⑤　接触分解

重質軽油留分，減圧軽油留分，常圧残油などを脱硫したものに分解触媒を加えて高温で分解して分解ガス，分解ガソリン，分解軽油を得るものです．分解反応ではコークスが生成し触媒に堆積するので触媒を再生しながら分解を進めるため，触媒は反応塔と再生塔の間を循環させる流動接触分解方式（FCCと呼ばれる）が採用されています．常圧残油を処理する場合を残油流動接触分解 RFCC（Residue FCC）と呼び，日本では残油の分解法として広く採用されています．残油には金属化合物やアスファルテンが含まれていて触媒の活性低下を招くので触媒は前段（脱メタル触媒）と後段（脱硫・脱窒素触媒）に機能を分けることが行われています．

⑥　水素化分解

減圧軽油留分や常圧残油を高温，高圧の条件で分解と水素化の2

つの機能をもつ触媒上に通し,分解,水素化,異性化,脱硫の反応を行い軽質の石油製品をつくるものです.アメリカで多く採用されていますが,日本では数基あるのみで多くありません.

⑦ 熱分解

触媒を用いることなく高温で重質分を分解する方法で,石油精製の初期にガソリンを増産する方法として登場したものですが,ガソリンの増産はその後登場した接触分解に置き換えられ,石油需要の軽質化により残油の分解方法として発展し,残油分解,ボトムレス化の中心の工程になっています.熱分解法には残油を温和な分解で粘度を下げるビスブレーキング法と,残油を軽質油とコークスにまで転換するコーキング法があります.西欧では前者が多く採用され,アメリカでは後者が多く採用されています.日本では採用はわずかです.

以上の各工程を組み合わせた,日本の精製工程の一例を**図 5.1** に示します.

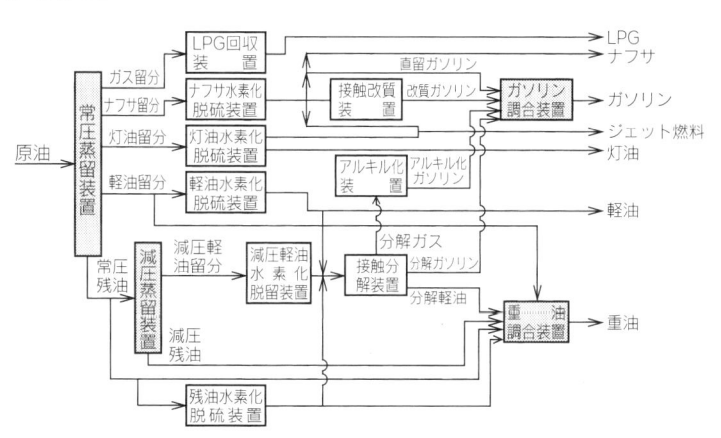

図 5.1 石油の精製工程の一例

次に，最近の石油精製の動向としては，環境問題へ対応して軽油，ガソリンの硫黄分の 10 ppm 以下への低硫黄化（サルファーフリー化と呼んでいます）と，石油製品需要の軽質化にともなって残油の分解法の重要性の増加があります．

軽油，ガソリンの低硫黄化は，自動車の排出ガスのクリーン化や，燃費向上にともない自動車に採用された，触媒に対する硫黄による被毒を防ぐためです．水素化脱硫で 500 ppm 以下にする脱硫を深度脱硫と呼びますが，10 ppm 以下への超深度脱硫が行われています．超深度脱硫では脱硫率を上げるには反応温度・反応圧力を上げますが，軽油の 10 ppm 以下への脱硫では反応温度が高くなると軽油が着色するという問題が発生し，温度は抑えて圧力を上げる方法がとられるなどで脱硫技術の進歩により超低硫黄化が進められました．

一方，残油の分解法は，前に述べたようにいくつかの方法がありますが，製品の需要構成（表 5.3）や原油の性状などの事情で，国によって採用される方法が異なっています．次のとおりです．

```
日本      残油接触分解 RFCC，直脱と組合せ
アメリカ  熱分解（コーキング法），水素化分解
西欧      熱分解（ビスブレーキング法）
```

世界の重質油処理工程は，処理量からみると構成は次のとおりです（2003 年）．

```
コーキング 31%，ビスブレーキング 26%，RFCC 24%，
水素化分解 17%，その他 3%
```

石油精製の全工程の一例は前の図 5.1 のとおりで，これより各石油製品の製造法をあげると次のとおりです．

LPガスはガス留分からプロパンとブタンを回収したものです．

ガソリンは直留ガソリン（蒸留と脱硫のみで得られるガソリン），改質ガソリン，分解ガソリン，アルキル化ガソリンを混合して，おもに蒸気圧とオクタン価が調整されてレギュラーガソリンとプレミアムガソリン（ハイオク）になります．

灯油は灯油留分を脱硫して得られます．

ジェット燃料は灯油留分の脱硫か，灯油留分を脱硫したものとガソリン留分を脱硫したものを混合してつくります．

軽油は軽油留分を脱硫して製造されますが，寒冷地用のものは灯油を混合してつくります．

重油は軽油留分，分解軽油留分，常圧残油，減圧残油などを混合し，粘度，硫黄分などを調整してつくります．重油には残油を含まないA重油と残油を含むC重油があります．硫黄分の少ないC重油をつくるには直脱で脱硫した残油を用います．

わが国におけるおもな精製装置の基数および処理能力（2007年）をあげます．処理能力はBPSD（Barrel Per Stream Day，1日当たりの実質的な処理量をバレルで示した数字）で表しています（**表 5.4**）．

次節に，わが国のおもな工程の方法，条件，反応などの概要を述

表 5.4 わが国のおもな精製装置の基数と処理能力（2007年）[4]

装置	基数	処理能力	常圧蒸留装置に対する割合	
原油常圧蒸留装置	43 基	479.5 万 BPSD		
減圧蒸留装置	37 基	177.5 万 BPSD		37.0%
接触改質装置	43 基	82.8 万 BPSD	〃	17.3%
接触分解装置	28 基	103.5 万 BPSD	〃	21.6%
灯軽油水素化脱硫装置	90 基	226.1 万 BPSD	〃	47.2%
重油水素化脱硫装置	7 基	15.1 万 BPSD	〃	3.1%
アルキル化装置	11 基	9.6 万 BPSD	〃	2.0%

べます.

5.2 燃料油の製造工程

(1) 蒸留

原油を常圧蒸留により分別し,その残油をさらに減圧蒸留により分別し,各製品を製造するための留分にします.

(a) 常圧蒸留

常圧蒸留で分別する留分の例をあげます.

①	ガス		C_1, C_2
	LPガス		C_3, C_4
②	ガソリン・ナフサ留分	沸点 35～180℃	C_5～C_{11}
	軽質ガソリン留分,重質ガソリン留分の2つに分ける.		
③	灯油留分	150～250℃	C_9～C_{15}
④	軽油留分	190～350℃	C_{12}～C_{22}
	軽質軽油留分と重質軽油留分の2つに分ける.		
⑤	残油	300℃ 以上	

原油は,精留塔を用いて蒸留し,各留分に分別します.その系統図の一例を図 **5.2** に示します.

原油は,微量の無機塩を含んでいるので,それを脱塩したのち,熱交換器で昇温し,さらに加熱炉で330℃前後に加熱し,精留塔の下部に吹き込みます.

軽油留分以上の留分は油蒸気として塔内を上昇し,それより重質の留分は液状で塔底へ流下します.

塔内はトレイと称する約40段程度の棚で仕切られていて,油蒸気はトレイを下から上に通過しますが,塔内は上方へいくほど温度が低く,通過する蒸気は順次液化してトレイ上にたまります.トレ

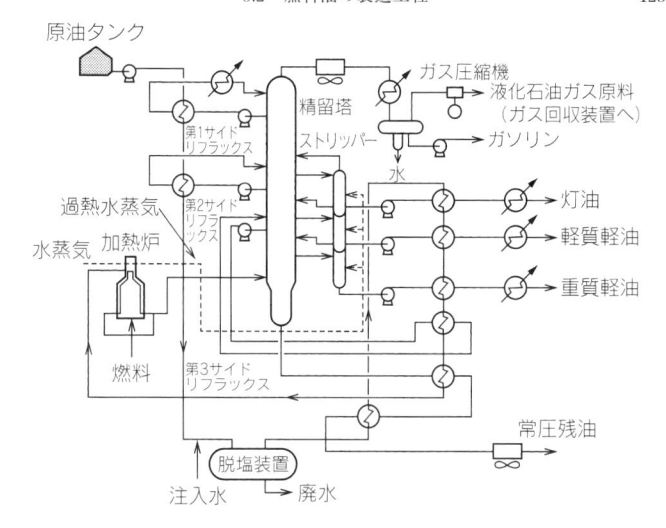

図5.2 原油の常圧蒸留の一例

イにたまった液の一部は下のトレイへ流下します．トレイ上では流下する液と上昇する蒸気の接触が行われて，上方へいくほど軽質化します．

塔内では，最も沸点の低いガス，ナフサ（ガソリン）留分が塔頂に，最も沸点の高い残油分が塔底に，そして途中の各トレイには連続的に沸点の異なる留分が存在するので，適当ないくつかの中間段から抜き出すことにより連続的に数種の留分を得ることができます．

蒸気圧の差による分離効果を高めるためにストリッパーやサイドリフラックスにより留分の一部を循環させます．

（b） 減圧蒸留

石油は350℃程度以上に加熱されると分解するので，残油をさらに分別するには減圧蒸留を行います．

減圧蒸留では精留塔に接続した真空排気設備により，塔内圧力を $4.0 \sim 13.3 \times 10^3$ Pa（30〜100 mmHg）に減圧して蒸留が行われます．

残油は加熱炉で 350〜400℃ に加熱され，減圧精留塔に吹き込まれます．常圧では蒸発しなかった高沸点の成分も減圧では蒸発して塔内を上昇し，上部で凝縮して減圧軽油留分が得られます．蒸発せずに液状で残った成分は塔底より取り出され減圧残油になります．

（2） 水素化脱硫法

水素化脱硫法は，ガソリン留分から常圧残油にいたる各石油留分に行われ，脱硫とともに脱窒素，脱酸素のほか脱金属の反応が行われます．石油留分を高温，高圧の条件で，水素とともに脱硫触媒上へ通すことにより，脱硫などの反応が行われます．

石油中の硫黄化合物は，3.1 節で述べたとおり，メルカプタン，サルファイド，チオフェンなどで，高沸点のところに多く，しかも高沸点になるほど脱硫されにくい化合物が多くなります．

水素化脱硫法では，水素化反応により硫黄化合物は炭化水素と硫化水素に，窒素化合物は炭化水素とアンモニアに，それぞれ分解されます．例えば次のとおりです．

$$RSR' + 2H_2 \longrightarrow RH + R'H + H_2S$$

水素化反応に用いられる触媒には Co-Mo，Ni-Mo，Ni-W の硫化物をアルミナなどの担体に担持させたものがあります．

反応温度は 250〜430℃ で，脱硫しにくい高沸点留分ほど高い反応温度，高い反応圧力が必要になります（**表 5.5**）．

液空間速度とは触媒層を通油させる原料油の速度で，原料油と触媒の接触時間（反応時間）の逆数になります．

軽油では，1997 年より硫黄分の低減が進められ，1997 年に 500 ppm から始まり 2005 年には 10 ppm へ低下しています．そのために従来より高い脱硫率の反応条件が必要になっています．脱硫率

表 5.5 水素化脱硫装置の反応条件[5)]

	温　度 (℃)	圧　力 (kg/cm³)	液空間速度 (h⁻¹)	水素/油比 (Nm³/kL)	水素消費量 (Nm³/kL)
ナフサ（ガソリン）	250〜330	5〜30	1〜8	30〜80	5〜10
灯　油	250〜350	10〜40	3〜8	50〜120	5〜15
軽　油	300〜400	40〜80	1〜4	100〜250	30〜60
減圧軽油	330〜430	50〜100	1〜2	300〜600	50〜100
残　油	350〜430	140〜250	0.1〜0.5	600〜1 500	100〜250

90％以上は深度脱硫といわれている方法で，圧力を高くし，反応時間を長くしているものです．

　常圧残油の脱硫は，残油中に脱硫しにくい硫黄化合物を含むことのほか，バナジウムやニッケルなどの金属成分やアスファルト分を含むので，反応条件は過酷な条件を必要とし，触媒の寿命が短く，かつ分解をともないます．間接脱硫と直接脱硫があります．

　間接脱硫は，常圧残油を減圧蒸留により減圧軽油と減圧残油に分別し，このうちの減圧軽油を水素化脱硫した後，減圧残油と調合して脱硫油とし，硫黄分を低下させる方式です．減圧軽油は金属やアスファルト分をほとんど含まないので触媒寿命も短くなりません．

　直接脱硫は，残油中の硫黄分を直接脱硫する方式で，金属やアスファルト分に強い触媒の開発が重要で，一般に大きな細孔構造をもつ触媒が用いられます．反応塔は数段に分けられ，水素のリサイクルガスを一部注入し，反応塔の温度を制御します．触媒の活性が順次低下するので，反応温度を上昇させながら運転を続けます．

（3）　接触分解法——ガソリンの増収

　重質留分や残油を分解し，軽質留分を得る方法には接触分解法（接触分解とは触媒と接触させて分解する意味），熱分解法および水素化分解法があります（5.1 節 ⑥，⑦）．

　分解法は原油からガソリンの増収をはかるため開発され，はじめ

は熱分解法が行われましたが，その後，高オクタンガソリンが得られる接触分解法に変わり，また水素化分解法も登場しています．わが国ではおもに接触分解法が行われています．

接触分解法は，重質軽油留分，減圧軽油留分を水素化脱硫したものを触媒を用いて分解し，高オクタンガソリンを製造する方法として発展してきましたが，最近は常圧残油を分解する方法も開発されています．

分解ガソリンとともに分解軽油や C_3，C_4 の炭化水素が製造されます．

接触分解でいちばん大切なのは触媒で，固体酸触媒と呼ぶ酸性の触媒が用いられます．

触媒としてシリカ（SiO_2）・アルミナ（Al_2O_3）触媒が用いられてきましたが，最近はゼオライトと呼ぶシリカ，アルミナを含む触媒が多くを占めています．ゼオライトは $M_m\{(Al_2O_3)_x(SiO_2)_y\}_z H_2O$ で示され，M は Na，Ca あるい希土類元素です．分解の活性とともに高い選択性をもち，高オクタンガソリンの収率が高く，ガス，コークス（コークスは分解反応にともなって生成し触媒の活性を低下させる）の副生が少なくなります．

接触分解では，炭化水素の C–C 結合の切断（分解）が末端では起こりにくくなるので，軽いガスの生成が少なく，またパラフィン鎖がイソパラフィンに変わるので，オクタン価が高くなります．

なお，パラフィンが分解すれば一方はパラフィンで他方はオレフィンになるので，分解生成物にはオレフィンが多く含まれます．接触分解ガソリンには，オレフィンが40～50％含まれています．

接触分解の装置では，触媒を 10～100 μm の微粉状につくり，原料油に加えて反応塔に送り，反応後は分解油から触媒を分離して再生塔に送って，そこで触媒に付着したコークスを燃焼させて触媒を

再生する方式（流動床式と呼ぶ）が多く採用されています．分解反応ではコークスの生成が多く，触媒の活性を低下させるので，絶えず触媒を再生しつつ運転する必要があるからです．

触媒は反応塔と再生塔の間を循環します．再生塔では触媒に付着したコークスを空気により燃焼除去し，触媒の再生をはかるとともに，反応に必要な熱が回収され利用されます．

この方式は，流動接触分解（Fluidal Catalytic Cracking）あるいは略して FCC と呼ばれています．

反応は温度 450～550℃，圧力は 0.5～2 kgf/cm^2 で行われ，分解ガソリンが 60～70% 得られ，ほかに分解軽油と $C_3 \cdot C_4$ のガスが得られます．

常圧残油を分解原料にする場合には，金属およびアスファルト分が含まれていると触媒上に金属，コークスが多量に堆積するので，直接脱硫や溶剤脱れき（脱れきとはアスファルトの除去）と組み合わせて，常圧残油からあらかじめ脱金属，脱アスファルトしておく方式が多く行われています．

（4） 接触改質法──オクタン価の向上

接触改質法は，重質ガソリン留分のオクタン価を高めるために触媒を用いて，炭化水素の変換を行う方法で，接触分解法とともに高オクタンガソリン製造の主要工程です．改質とは炭化水素を低オクタンから高オクタンへ改質することをいっています．

炭化水素のオクタン価は 3.2 節（7）で述べたとおり，芳香族とイソパラフィンが高く，n パラフィンとナフテンが低い値をとります．

接触改質の反応では，芳香族炭化水素とイソパラフィンに富む留分に改質され，高オクタンのガソリン基材が得られます．石油化学原料の芳香族炭化水素の製造法としても用いられています［7.1 節

(2)].

原料には,沸点が初留 80~100℃,終点 160~200℃ 程度の重質ガソリン留分を水素化脱硫したものが用いられます.

なお,パラフィンでも C_4, C_5 のパラフィンはややオクタン価が高いこと,芳香族に改質するには C_6 以上のパラフィンかナフテンが対象になることから,軽質ガソリン留分は接触改質法の対象にはしません.

接触改質のおもな反応は次のとおりです.このほか分解反応も少し行われガスが生成します.

① パラフィンの脱水素・環化による芳香族の生成

　一例:

$$CH_3(CH_2)_3CH_3 \longrightarrow \text{[benzene with C substituent]} + 4H_2$$

② ナフテンの脱水素による芳香族の生成

　一例:

$$\text{[methylcyclohexane]} \longrightarrow \text{[toluene]} + 3H_2$$

③ n-パラフィンの異性化によるイソパラフィンの生成

　一例:

$$CH_3(CH_2)_5CH_3 \longrightarrow CH_3\underset{\underset{CH_3}{|}}{CH}(CH_2)_3CH_3$$

触媒にはシリカ・アルミナかアルミナを担体とし,白金(Pt)を担持させた触媒が使用されてきましたが,最近は,これにレニウム(Re),ゲルマニウム(Ge),イリジウム(Ir)などの第2の金属を少量添加したバイメタル触媒が使用されています.

脱水素機能は白金に,異性化機能はアルミナのもつ酸性に由来し

ています.レニウムなどの第2の金属はコークス生成による白金触媒の活性低下を防止する効果があります.

反応条件は温度 450〜540℃,圧力 5〜40 kgf/cm² の条件が採用されています.反応圧力はバイメタル触媒の使用により低圧化されて 5〜10 kgf/cm² の条件が採用されるようになっています.コークスの生成反応を防止するために水素による加圧が必要なので,加圧の条件が採用されているものです.

接触改質ガソリンには,芳香族が 50〜70% 含まれています.

接触改質法の装置では,原料油をポンプで反応圧力に昇圧し,循環水素と混合し,加熱炉で反応温度に加熱して反応塔に送ります.吸熱反応のために反応塔を 3〜4 基として,中間加熱炉で再加熱して,次の反応塔に送ります.反応後は冷却され液とガスが分離されます.

反応塔は,従来は触媒が固定された固定床式でしたが,現在は移動床を採用し,触媒を連続的に再生して運転する CCR (Continuous Catalyst Regeneration) 方式が使用されています.

バイメタル触媒および連続触媒再生式により,低圧化運転が行われ,改質ガソリンの収率,オクタン価が向上してきています.

高オクタン価の改質ガソリンが 80% 以上の収率で得られます.

(5) アルキル化法——ハイオクガソリン材

アルキル化(アルキレーション)は,おもに接触分解装置から副生する C_4 留分(ブタン,ブチレン),C_3 留分(プロパン,プロピレン)を原料として,イソブタンにイソブチレンまたはプロピレンを付加させて,イソオクタンなどの C_8,C_7 の分枝の多いイソパラフィンを製造する方法で,得られたイソパラフィンは高オクタン価のアルキレートガソリン(アルキル化ガソリン)となります.

アルキル化反応とは,炭化水素にオレフィンをアルキル基として

付加させる反応で，ここでは，例えばイソブタンにイソブチレンを付加させるものです．

```
                              イソオクタン
  イソブタン    イソブチレン  (2,2,4-トリメチルペンタン)
      C              C                C
      |              ||               |
  C－C     +     C＝C    ⟶    C－C－C－C－C
      |              |                |   |
      C              C                C   C
```

触媒として一般に硫酸またはフッ化水素などの酸触媒が用いられます．

反応条件は硫酸触媒の場合で反応温度 2～10℃，硫酸は 88～95% の酸濃度が採用されます．

アルキル化装置では，原料イソブタン/オレフィン比 4～10 程度で反応器に送られ，ミキサーにより硫酸と混合されアルキレートを生成します．生成したアルキレートは硫酸と分離され，ソーダ洗浄，水洗浄されたのち精留部でアルキレートとイソブタンが分離されます．

アルキレートガソリンとしてオクタン価は 94～96 程度のものが得られますが，アルキレートガソリンの特徴はリサーチ法とモータ法のオクタン価に差がないことで，高速走行時のアンチノック性が高い利点があります [3.2 節（7）参照]．

引 用 文 献

1) 石油通信社（2008）：平成 20 年度石油資料，p. 148
2) 同上，p. 162
3) 同上，p. 22，p. 138
4) 同上，p. 178
5) 石油学会（1998）：石油精製プロセス，p. 50

6. 石油の製品
──燃料油（エネルギー）

6.1 石油製品の概要と最近の動向

石油製品の大半を占めるのが燃料油です．その製造法は 5.2 節で，基礎的な性質は 3.2 節で述べました．

石油製品の品質は，JIS（Japanese Industrial Standard，日本工業規格）で定められ，その品質の要求項目は JIS に定められた試験法で規定されています（3.2 節）．

また，自動車燃料などの製品については "揮発油等の品質の確保に関する法律"（略して品確法）で，品質項目のうちの環境・安全にかかわる項目が法的に定められていて，JIS に対して強制規格と呼んでいます（1996 年より）．

石油製品の用途別の需要（2007 年）を**表 6.1** に示します．

表 6.1 石油製品の用途別国内需要（2007 年）[1]

単位　万 kL

	ガソリン	ナフサ	灯油	ジェット燃料	軽油	重油	原油	LP ガス	潤滑油	合計
自動車	5 898				3 416			286	68	9 668
航空機	1			592						593
船　舶					41	440			16	497
農林水産			219		73	384				676
鉱工業	9		473		6	1 576		732	109	2 905
都市ガス								153		153
電　力					20	1 426	1 135	86		2 667
家庭業務			1 575			845		1 442		3 862
化学原料		4 855					83	609		5 547
合　計	5 908	4 855	2 267	592	3 556	4 671	1 218	3 308	193	26 568

石油製品のおもな用途は，ガソリン・軽油が自動車の燃料，ナフサが化学用（大半は石油化学原料），灯油が家庭・業務（事務所，小売，サービスなど）の燃料（暖房用など），ジェット燃料が航空機の燃料，重油が鉱工業・電力・業務・船舶の燃料，LPガスが家庭・業務と鉱工業の燃料になっています．

　これらの石油製品により石油は2章で述べたとおり運輸用のエネルギーをほぼ独占し，産業用のエネルギーの1/3を，民生用（家庭・業務）のエネルギーの1/3を占めています．なお，ナフサとLPガスは相当量を中東などから製品輸入しています．

　次に，石油製品の最近のおもな動向について述べます．

　1990年代中ごろからの石油製品のおもな動向としては，自動車の排出ガス対策および温暖化防止のための二酸化炭素の排出削減対策の進展に対応して，ガソリンと軽油の硫黄分の低減を順次進めてきたこと，またバイオ燃料の混合が始められたことがあげられます．それらの概要を述べます．

（1）ガソリン

　ガソリン車では排出ガス中の有害成分（窒素酸化物，未燃炭化水素，一酸化炭素）は三元触媒で浄化していますが，この触媒は空燃比（空気と燃料の混合比）が理論比付近の狭い領域で有効なので，燃費向上のために希薄燃焼エンジンが採用される場合は窒素酸化物の浄化が行えません．その場合は窒素酸化物吸蔵還元触媒の追加が必要になりますが，この触媒は硫黄による触媒被毒を受けやすいのでガソリンの硫黄分を下げておく必要があります．

　このため品確法では2008年から硫黄分を10 ppm以下（サルファーフリー）に規制しました．石油会社では2005年から10 ppm以下のガソリンを販売しています．

　ガソリンは数種類のガソリンを混合して製造されますが，混合割

合が大きい接触分解（FCC）ガソリン中に硫黄分が多く，その脱硫が鍵になります．そのため FCC 原料は硫黄分をある水準以下にまで脱硫しますが，残油からの直脱による原料では過度の脱硫が難しく，FCC ガソリンの脱硫なども行っています．

次に温暖化対策では，ガソリンへバイオエタノールまたは ETBE (Ethyl *tert*-Butyl Ether) の混合が行われ始めています．植物起源のエタノールつまりバイオエタノールの利用はアメリカ，ブラジル，EU などで拡大しています．

ところがエタノールは水と相溶性があるためエタノール混合ガソリンは水分の混入によりエタノールが水のほうに移る相分離現象を起こし，品質が低下する懸念があります．また，エタノールは自動車の燃料系の一部の材料を変化させたり，ガソリンの蒸発エミッションを増加させる懸念もあります．そこで日本では，バイオエタノールを製油所で FCC 装置から得られる分解ガス中のイソブテンと反応させ ETBE というエーテルに転換しガソリンに混合することを始めています．この方法は EU ですでに広く行われているものです．

品確法が改正され，2003 年よりガソリンの含酸素化合物は 1.3% 以下（エタノールでは 3% 以下）と規定されました．エタノールは 3% の混合（ETBE に換算すると約 7% の混合）を認めてエタノールの導入を可能にしたものです．

ETBE の導入は，2010 年にはガソリン販売量の 20% 相当分に対し ETBE 7%（エタノールとして 3%）が混合されます．

品確法のガソリン規格のおもな項目を**表 6.2** にあげます．

（2）軽　油

ディーゼル車の排出ガスはガソリン車と比べて悪いイメージがありますが，改善されてきています．ディーゼルエンジンでは燃料は自己着火であるため圧力を高くでき，熱効率が高められ燃費が良い

表 6.2 品確法のガソリンの
おもな項目

規格項目	規定値
硫黄分	10 ppm 以下
含酸素率	1.3%以下
ベンゼン	1%以下
灯　油	4%以下
メタノール	検出されないこと
エタノール	3%以下

という特長をもっています．近年，燃料の噴射ポンプの噴射圧をエンジン回転に依存せずに高圧を維持できるコモンレール式燃料噴射装置が導入されて，排出ガスや加速性能などが改善されています．

EU ではディーゼル乗用車の比率が急増しています．

ディーゼル車の排出ガス中の有害成分には窒素酸化物と PM（Particulate Matter, 微粒子）があり，排出ガス浄化システムとしては DPF（Diesel Particulate Filter）による PM の除去，窒素酸化物吸蔵還元触媒による窒素酸化物の浄化などの開発が進められてきました．

これらのシステムには硫黄があると機能を発揮できない触媒が用いられているので，軽油の水素化脱硫が進められ，超深度脱硫用の触媒が開発されています．軽油の硫黄分の低下は，排出ガス浄化触媒技術の進展とともに段階的に進められてきました．

品確法による規制の推移は次のとおりです．

　1997 年　0.05%（微粒子除去酸化触媒）

　2005 年　50 ppm（連続式微粒子除去）

　2007 年　10 ppm（窒素酸化物吸蔵還元触媒）

次に，温暖化対策では軽油へバイオディーゼル燃料 BDF の混合があります．

バイオディーゼル燃料は油脂(脂肪酸のグリセリンエステル)をメタノールによるエステル交換反応で脂肪酸メチルエステルに変えたもので,FAME(Fatty Acid Methyl Ester)と呼ばれ,欧米,とくにディーゼルが多い欧州で使用が進んでいます.おもな原料は菜種油,大豆油,パーム油です.

FAME は安定性,低温流動性などの課題があり,とくに酸化劣化によるスラッジや酸の生成による自動車の燃料系への悪影響があります.

そこで FAME 混合軽油の規格について検討が行われ(経済産業省),FAME の軽油への混合許容値を 5% とし,必要な性状項目が 2007 年に軽油の品確法に規定されました.FAME が酸化劣化しやすいことや精製不十分などにより不純物(トリグリセライドやメタノールなど)が残存することに対する規定を定めています.

日本では,量はわずかですが地方自治体などで廃食用油を原料に FAME を製造,使用しています.廃棄物のリサイクルの意味があります.

品確法の軽油のおもな項目を**表 6.3** にあげます.

表 6.3 品確法の軽油のおもな項目

規格項目	規定値	
	FAME 混合軽油	FAME 非混合軽油
硫黄分	10 ppm 以下	10 ppm 以下
セタン価	45 以上	45 以上
蒸留性状 90% 留出温度	360℃ 以下	360℃ 以下
FAME 混合量	5% 以下	0.1% 以下
トリグリセライド	0.01 以下	0.01 以下
メタノール	0.001% 以下	
酸 価	0.13 以下	
ギ酸,酢酸,プロピオン酸の合計	0.003% 以下	
酸価の増加(規定の試験による)	0.12 以下	

6.2 石油製品の性質,用途

基礎的な性質は3.2節にあります.各製品のおもな用途とその需要は表6.1のとおりです.

(1) LPガス
(a) 生産状況

LPガスは液化石油ガス (Liquefied Petroleum Gas) の略で,主成分は炭素数が3と4の軽質炭化水素のプロパン,または,ブタンであり,常温・常圧では気体ですが,少し加圧すれば容易に液化されるので,液化して取り扱われます.

C_3,C_4の炭化水素には,原油中に含まれているもの,燃料を製造する過程で分解ガスとして生成するもの(接触分解工程,接触改質工程など),石油化学のナフサ分解ガス中に生成しているもの,油田やガス田で産出するものがあります.これらのうち,分解ガスとして生成するものにはオレフィン炭化水素のプロピレン,ブチレンが含まれています.

わが国では年間2 000万トン弱消費していますが,国内生産は約1/4で,3/4は輸入しています.輸入はLPGタンカーにより,サウジアラビア,アラブ首長国,カタールなどの中東地域やインドネシアなどからです.

(b) 性質・用途

おもな成分の性質を**表6.4**にあげます.

LPガスは都市ガスが普及していない地方を中心に,家庭用燃料として広く普及しており,さらに工業用燃料,都市ガス用,自動車燃料などとして用いられています.

JISでは,家庭用・業務用を対象とした1種と,工業用・自動車用を対象とした2種に分け,それぞれ組成(C_3とC_4の割合)によ

表6.4 LPガスの成分の性質

	プロパン	プロピレン	n-ブタン	イソブチレン
気体比重(空気：1)	1.52	1.45	2.00	2.01
沸　点(℃)	−42.1	−47.7	−0.5	−6.9
蒸気圧(atm, 20℃)	8.0	9.8	2.0	2.5
臨界温度(℃)	96.8	91.9	152.0	144.7
総発熱量(kJ/kg)	51 240	50 400	49 770	48 300
(kcal/kg)	12 200	12 000	11 850	11 500

り1〜3号および1〜4号に分けています.

1種では，C_3（プロパン＋プロピレン）が80％以上を1号，60〜80％を2号，60％以下を3号とし，いずれも40℃の蒸気圧を規定しているほか，エタン・エチレン，ブタジエン，硫黄分の混入量などを規定しています.

LPガスのJIS（JIS K 2240：2007）を**表6.5**に示します.

家庭用，業務用では，給湯用（湯沸かし器，風呂など）が最も多く，ついで厨房用（コンロ，炊飯器，オーブンなど），暖房用になっています.

工業用では，乾燥用熱源（熱風乾燥など），暖房用などに利用さ

表6.5 液化石油ガス（LPガス）（JIS K 2240：2007）[2]

項　目		組　成（mol％）				硫黄分 (質量％)	蒸気圧 (40℃) (MPa)	密　度 (15℃) (g/cm^3)	銅板腐食 (40℃, 1 h)	おもな用途
		エタン＋エチレン	プロパン＋プロピレン	ブタン＋ブチレン	ブタジエン					
1種	1号	5以下	80以上	20以下	0.5以下	0.0050以下	1.53以下	0.500〜0.620	1以下	家庭用燃料 業務用燃料
	2号		60以上 80未満	40以下						
	3号		60未満	30以上						
2種	1号	—	90以上	10以下	—		1.55以下			工業用燃料 工業用原料 自動車用燃料
	2号		50以上 90未満	50以下						
	3号		50未満	50以上 50未満			1.25以下 0.52以下			
	4号		10以下	90以上						

れています．自動車用は，LPG自動車で，タクシー，小型トラックなど約30万台が走行しています．排出ガスがクリーンであることからグリーン税制の対象になり，低公害車とされています．

（2） ガソリン

（a） 生産状況

ガソリンには自動車ガソリン，航空ガソリン，工業ガソリンがありますが，自動車ガソリンがほとんどを占めています．以下，自動車ガソリンについて述べます．

自動車ガソリンは沸点が35～180℃程度で，炭素数がC_4～C_{11}程度の炭化水素からなっています．なお，航空ガソリンは沸点が40～170℃程度です．レギュラーとプレミアム（ハイオク）がありますが，ハイオクは20%程度です．

ガソリンは種々のガソリン基材を混合し，オクタン価と揮発性（蒸気圧と蒸留性状）を調整して製造されます．

おもな基材の構成割合，オクタン価，成分などを**表6.6**に示します．このほかに，蒸気圧調整のためのブタンを配合します．

（b） 性質・用途

自動車ガソリンに要求される性質は次のとおりです．

① オクタン価（アンチノック性）

オクタン価は3.2節で述べたとおり，ガソリンエンジンのノッキング現象（異常燃焼）を防ぐために数値が高いことが必要です．

表6.6 ガソリンの種々の性質

	割合(%)	沸点(℃)	オクタン価	おもな成分（%）
接触分解ガソリン	40～50	30～180	90～93	オレフィン 40～50
接触改質ガソリン	30～35	70～160	96～102	芳香族 50～70
直留ガソリン	8～10	30～90	67～73	パラフィン 95～98
アルキレートガソリン	4	50～150	94～96	イソパラフィン 100

ガソリンエンジンの圧縮比が高くなるほど（高性能になるほど）高いオクタン価が必要です．レギュラーガソリンで 90.0〜90.5，プレミアムガソリンで 99.0〜100.0 です．

② 揮発性

運転条件にかかわらず，ガソリンと空気の適切な割合の混合気がつくられるために，適当な揮発性（蒸気圧および，沸点の範囲と分布）が必要です．

揮発性が適当でないと運転性に種々の不具合が発生します．揮発性が低すぎるとエンジンがかかりにくくなる始動性不良や，かかった後の加速性が不良になります．これらは混合気が薄くなりすぎるもので，おもに気温の低い冬季に起こります．また揮発性が高すぎると，ガソリンが燃料供給ライン中で多量に蒸発してベーパーロック（蒸気閉塞）が発生したり，混合気が薄くなりすぎてアイドリング不良や加速性不良が起きたりします．これらは気温の高い夏季に起こります．

ガソリンは沸点の範囲と分布が適切でなくてはならないので，蒸留性状［3.2 節（2）］から得られる 10%，50%，90% の留出温度や終点が規定されています．また蒸気圧が規定の方法で測定されて規定されています．

夏用ガソリンと冬用ガソリンがあり，冬用は揮発性が夏用よりやや高く調整されています．

③ 安定性

ガソリン中に不安定なオレフィンなどがあると微量のガム状物（オレフィンの低重合物など）を析出します．また，ガソリンの酸化安定性が不良であるとやはり微量のガム状物を析出します．

ガム状物が吸気系統などにデポジットとして堆積すると電子制御系（最適空燃比の制御など）などに悪影響をもたらします．

ガソリン中のガムの有無を規定の方法（JIS K 2261）で求め実在ガムとして規定します．また，ガソリンの酸化によるガムの生成傾向を規定の酸化安定度の試験（JIS K 2287）で酸化の起こるまでの誘導期間として求め規定しています．

　また，銅板に対する腐食性を規定の試験（JIS K 2513）で規定しています．

　そのほか，硫黄分，ベンゼンの含量がそれぞれ規定されています．硫黄分については6.1節（1）で述べたとおりです．

　自動車ガソリンのJIS規格（JIS K 2202 : 2007）を**表6.7**に示します．

　ベンゼンは発ガン性物質として規制されているもので，1％以下に規定しています．ガソリン中のベンゼンは，その一部が燃焼されずに，また排気ガス浄化の触媒装置で浄化されずに，そのまま排出されるため，ベンゼンが多いと排気ガス中のベンゼンが多くなる傾向にあるからです．

　ガソリン中のベンゼンの濃度を1％以下にするには，ガソリン基材のうち，芳香族の多い接触改質ガソリン中のベンゼンの除去が効果的な方法で，蒸留によりベンゼンを含む留分を分別したのち，スルフォラン溶剤によりベンゼンを抽出除去する方法などがあります．

　MTBEはオクタン価の向上のための添加剤ですが，現在は使われていません．

　アメリカの自動車ガソリンは，オクタン価によりプレミアム，ミディアム，レギュラーの3種類があり，揮発性によりAA～Eまでの6等級があり，地域および季節ごとに適用する等級が定められていて広大な地域に対応しています．

　ヨーロッパの自動車ガソリンの統一規格では，揮発性に1～8の8等級が規定されていてヨーロッパ全域をカバーしています．

表 6.7　自動車ガソリン（JIS K 2202 : 2007）[3]

項　目	種　類	
	1 号	2 号
オクタン価（リサーチ法）	96.0 以上	89.0 以上
密度（15℃）（g/cm³）	0.783 以下	
蒸留性状（減失量加算）		
10％留出温度（℃）	70 以下	
50％留出温度（℃）	75 以上 110 以下	
90％留出温度（℃）	180 以下	
終点（℃）	220 以下	
残油量（体積分率％）	2.0 以下	
銅板腐食（50℃，3 h）	1 以下	
硫黄分（質量分率％）	0.001 0 以下	
蒸気圧（37.8℃）（kPa）	44 以上 78 以下[*1]	
実在ガム（mg/100 ml）	5 以下[*2]	
酸化安定度（min）	240 以上	
ベンゼン（体積分率％）	1 以下	
MTBE（体積分率％）	7 以下	
エタノール（体積分率％）	3 以下	
酸素分（質量分率％）	1.3 以下	
色	オレンジ系色	

注[*1]　寒候用のものの蒸気圧の上限は 93 kPa とし，夏季用のものの蒸気圧の上限は 65 kPa とする．
　[*2]　ただし，未洗実在ガムは，20 mg/100 ml 以下とする．

（3）　灯　油

（a）　生産状況

　灯油は，石油製品として最も古く，はじめは灯火用の燃料（ランプによる照明用）に用いられました．灯油という名称は灯火用であったことに由来しています．また，灯油はケロシン（Kerosin）といわれますが，これはアメリカにおいて灯火用石油の商品名として名づけられた名称です．

　今日，灯油はおもに石油ストーブに用いられる暖房用燃料で，沸

点が 150～260℃ 程度で,炭素数が C_9～C_{15} 程度の炭化水素からなっています.

(b) 性質・用途

灯油が用いられる燃焼機器のうち,灯油の品質の影響を受けやすいのは石油ストーブで,灯油の品質はおもに石油ストーブに合わせて決められます.

日本では石油ストーブの主力はファンヒーター（気化式ストーブ）と芯上下式ストーブで,いずれも室内開放型（燃焼ガスを室内に排気して暖房する）です.FF式といわれる強制排気ストーブは,欧米のように多くありません.

石油ストーブの燃焼では,灯油は気化器（ファンヒーターの場合）または芯（芯上下式の場合）で蒸発して燃焼し,気化器や芯へのタールの生成（灯油中の高沸点分の蒸発が遅く,滞留時間が長いと炭化しタール化する）,およびすすや臭いの発生が問題になります.

石油ストーブに要求される性質は次のとおりです.

① 燃焼性

石油ストーブにおける燃焼性が重要です.蒸留性状の高沸点側が高すぎないことと芳香族成分があまり多くないことが求められます.

芯式ストーブでは蒸留性状の終点が 270℃ 程度までが望ましいとされていて,規定では 95％留出温度を 270℃ 以下としています.

炭化水素の燃焼にともなうすすの生成傾向は,芳香族＞ナフテン＞パラフィンの順です.煙点試験（JIS K 2537）により,規定の灯芯式ランプを用いて試料を燃やし,煙（すす）を生じないで燃える炎の長さを mm 単位で示して規定しています.

② 安全性

室内などにおける取扱いの安全性から,引火点は 40℃ 以上に定

められています. また室内開放型ストーブによる室内の二酸化硫黄ガス汚染を考えて, 硫黄分は 0.008%（80 ppm）以下に定められています. 市販の灯油の多くは硫黄分 10 ppm 程度です.

③ 発熱量

灯油の発熱量は, 密度, 硫黄分などによって多少影響されますが, 密度 0.79〜0.80（15℃, g/cm^3), 硫黄分 0.008%のもので, 総発熱量が 46 290〜46 300 kJ/kg, 11 060〜11 090 kcal/kg です.

灯油の用途はおもに暖房用に用いられる民生用が約 60%を占めています. 家庭・小口業務用の暖房用, 製造・建設業の乾燥・小型ボイラー・給湯用, 農林業の乾燥用（穀物乾燥機など）などに用いられます.

灯油の JIS（JIS K 2203 : 2009）を**表 6.8** に示します. 暖房用などの 1 号のほかに, 発動機・溶剤・洗浄用の 2 号がありますが, 2 号の需要はわずかです.

表 6.8　灯油（JIS K 2203 : 2009）[4]

種類	引火点 （℃）	蒸留性状 95% 留出温度（℃）	硫黄分 （質量%）	煙点 （mm）	銅板腐食 （50℃, 3h）	色 （セーボルト）
1 号	40 以上	270 以下	0.008 以下[*1]	23 以上[*2]	1 以下	＋25 以上
2 号		300 以下	0.50 以下	—	—	—

注[*1]　寒候用の煙点は, 21 mm 以上とする.
　[*2]　燃料電池用の硫黄分は, 0.001 0 質量分率%以下とする.

（4）ジェット燃料

（a）生産状況

ジェットエンジンはガスタービンエンジンのことであり, ジェット燃料の呼称は航空タービン燃料の略称です.

ジェットエンジンはコンプレッサー, 燃焼器, タービンからなっていて, 空気がコンプレッサーで圧縮されて燃焼器に入り, 燃焼器

において燃料はノズルより噴霧され混合気をつくり，点火着火されます．燃焼ガスは膨張してタービンをへて排気筒から噴射されて推進力が得られ，同時にタービンが回転しコンプレッサーを動かします．ピストンエンジンのような間欠燃焼ではないので燃料の燃焼にノッキングの問題はありません．

ジェット燃料には，灯油の留分から製造される灯油型と，ガソリンと灯油の留分を混合して製造される広範囲沸点型と呼ばれるガソリン・灯油型があります．

戦後，イギリスでジェット機が商業用に登場した際に，高空の低気圧下で蒸気閉塞を生じないことなどを考えて，灯油が使用されました．その後，米軍は灯油留分では点火着火の際の着火性がよくないので，蒸気圧を上げるためにガソリン留分を混合した広範囲沸点型のJP-4を製造して使用しました．

現在，使用されているジェット燃料の種類を**表6.9**に示します．

表6.9 ジェット燃料の種類

JIS K 2209：1991[5]		民間機	軍用機	
種類　記号	タイプ			
1号　Jet A-1	灯油形(低析出点)	共同利用貯油施設向け規格	JP-5	防衛庁仕様
2号　Jet A	灯油形		JP-8	米軍規格
3号　Jet B	広範囲沸点形		JP-4	防衛庁仕様

(b) 性質・用途

ジェット燃料に必要なおもな性質には燃焼性，蒸留性状，熱安定性があり，そのほかに析出点，水溶解性，材料との適合性などがあります．ジェット燃料には高空を飛行する航空機の燃料であることから，高い信頼性が求められ，多くの品質項目の要求があります．

① 燃焼性

燃焼性では, すす (カーボン) の生成と, 火炎からの熱輻射による燃焼器ライナー壁温の上昇が問題になります. 壁温の上昇はライナーの焼損などを招きます.

炭化水素では芳香族 (とくにナフタレン) が不良で, ついでナフテン, パラフィンの順です. 煙点, ルミノメーター数 (熱輻射と煙点の関係から求める指数), ナフタレン分などで規定されます.

② 蒸留性状, 蒸気圧

適当な蒸留性状をもつことが規定されています. 灯油形では着火性が問題になり, それには沸点が高すぎないほうがよいので, 10%留出温度が規定されています. 他方, 広範囲沸点形では高々度における揮発性が高すぎないように蒸気圧が規定されています.

③ 熱安定性

ジェット燃料は燃焼器に入るまでにエンジンを冷却する役割があり, 200℃近い温度になるので, ガム状堆積物などを生成しないように規定の熱安定度試験により熱安定性が規定されています.

④ 析出点

通常, 飛行高度 10 000 m において大気温度は $-40 \sim -50$℃ に達し, 燃料も $-30 \sim -40$℃ に達します. ジェット燃料中のワックスの結晶の析出が問題になります. 析出点は規定の方法で試料を冷却し, 結晶を析出させたのち, 温度を上げて結晶が消えたときの温度を求めて析出点とするものです.

⑤ その他

そのほか, 微量水分に関する規定, 燃料系統の金属材料やゴムとの適合性のうえで硫黄分や芳香族分の規定があります. また発熱量が航続距離に関係するので, 発熱量に関する規定もあります.

ジェット燃料の JIS (JIS K 2209 : 1991) を**表 6.10**に示します.

表 6.10 ジェット燃料 (JIS K 2209：1991)[5]

項　目	1号	2号	3号
全酸価(mgKOH/g)	0.1 以下		—
芳香族炭化水素分(容量%)	25 以下		
メルカプタン硫黄分(質量%)	0.003 以下		
またはドクター試験	陰性		
硫黄分(質量%)	0.3 以下		
蒸留性状　10%留出温度(℃)	204 以下		—
20%留出温度(℃)	—		143 以下
50%留出温度(℃)	記録		187 以下
90%留出温度(℃)	記録		243 以下
終点(℃)	300 以下		—
蒸留残油量(容量%)	1.5 以下		1.5 以下
蒸留減失量(容量%)	1.5 以下		1.5 以下
引火点(℃)	38 以上		
密度(15℃)(g/cm^3)	0.775 3～0.839 8		0.750 7～0.801 7
蒸気圧(37.8℃)(kPa)	—		20.7 以下
析出点(℃)	−47 以下	−40 以下	−50 以下
動粘度(−20℃)(mm^2/s)	8 以下		—
真発熱量(MJ/kg)	42.8 以上		
燃焼特性(次のいずれかに合格)			
1．ルミノメーター数	45 以上		
2．煙点	25 以上		
3．煙点および	18 以上		
ナフタレン分(容量%)	3 以下		
銅板腐食(100℃, 2 h)	1 以下		
銀板腐食(50℃, 4 h)	1 以下		—
熱安定度(次のいずれかに合格)			
1．A法　圧力差(kPa)	10.1 以下		
予熱管堆積物の評価	3 未満		
2．B法　圧力差(kPa)	3.3 以下		
加熱管堆積物の評価	3 未満		
実在ガム(mg/100 ml)	7 以下		
水溶解度　分離状態	2 以下		
界面状態	1 b 以下		

共同利用貯油施設向け規格および軍用規格（JP-5, JP-8, JP-4）の
おもな相異点

```
JIS 1 号相当
  共同利用貯油施設向け規格：引火点 40℃ 以上，煙点 19 以上
  JP-5：硫黄分 0.40％ 以上，引火点 61℃ 以上，密度 0.778〜0.845,
        析出点 −46℃ 以下
JIS 2 号相当
  JP-8：メルカプタン硫黄分 0.002％ 以下，析出点 −45℃ 以下
JIS 3 号相当
  JP-4：メルカプタン硫黄分 0.002％ 以下，硫黄分 0.40％ 以下,
        析出点 −58℃ 以下，蒸気圧 14〜21 kPa
```

(5) 軽 油
(a) 生産状況

軽油はディーゼル車の燃料で，その他の用途に船舶，ガスタービン，大型ストーブなどの燃料がありますが，わずかです．したがって，自動車用ディーゼル燃料とも呼ばれます．

ヨーロッパでは，EU 統一規格に自動車ディーゼル燃料として制定されており，アメリカでは ASTM 規格にディーゼル燃料油として，ディーゼルエンジン用の灯油，軽油，重油を規定しています．

軽油は，流動点によって特 1 号，1〜3 号，特 3 号の 5 種類に分類され，特 1 号は夏季用で，3 号，特 3 号は冬季寒冷地用です．3 号，特 3 号には灯油留分が混合されています．

5 種類の軽油の使用区分については JIS の解説の中で，月と地域区分によるガイドラインが示されています．

(b) 性質

軽油に必要なおもな性質は着火性と低温流動性です．そのほかに蒸留性状の 90％ 留出温度，残留炭素分，動粘度，硫黄分が規定されています．

① 着火性（セタン指数）

着火性は3.2節（7）で述べたとおり，ディーゼルエンジンのノッキングを防ぐために低すぎないことが必要で，低すぎるとノッキングを発生します．セタン指数またはセタン価で示され，45ないし50以上が規定されています．

芳香族成分が多いとセタン指数は低く，分解軽油（芳香族分が多い）を多く混合するアメリカのディーゼル燃料油は日本より低いセタン指数です．

② 低温流動性（目詰まり点，流動点）

軽油は低温では，成分のn-パラフィンがワックスの結晶を生成し油の流動性を失わせます．ディーゼル車の冬季の低温始動性では，ワックスの析出によるフィルタの目詰まりが問題になります．

軽油の低温流動性は規定の低温ろ過器の目詰まり点（温度）（JIS K 2288）で規定しています．

流動点は，低温で流動しうる最低温度［3.2節（4）］で，冬季に軽油の取扱いの目安になり，軽油の分類に用いられています．

③ その他

蒸留性状は90%留出温度が規定され，残留炭素分は蒸留の10%残油で規定され，動粘度は30℃の値で規定されます．粘度は燃料噴射時の噴霧性に影響し，また噴射ポンプや噴射弁の摩耗に影響します．残留炭素分や硫黄分は排気ガス中の粒子状物質（パティキュレート）に関係します．

最近，ディーゼル車の排出ガス対策が進められてきて，その1つとして軽油の硫黄分の低減が進められ，2007年には硫黄分は0.0010%以下に改正されています．その経緯は6.1節（2）で述べたとおりで，排出ガス中の窒素酸化物の浄化，微粒子（PM）の除去システムに用いられる触媒が硫黄被毒を受けるためです．

軽油の JIS（JIS K 2204：2007）を**表 6.11** に示します．

表 6.11 軽油（JIS K 2204：2007）[6]

項　　目	種　　類				
	特 1 号	1 号	2 号	3 号	特 3 号
引火点（℃）	50 以上	50 以上	50 以上	45 以上	45 以上
蒸留性状　90%留出温度（℃）	360 以下	360 以下	350 以下	330以下[(1)]	330 以下
流動点（℃）	+5 以下	−2.5 以下	−7.5以下	−20 以下	−30 以下
目詰まり点（℃）	―	−1 以下	−5 以下	−12 以下	−19 以下
10%残油の残留炭素分（質量%）	0.1 以下	0.1 以下	0.1 以下	0.1 以下	0.1 以下
セタン指数[(2)]	50 以上	50 以上	45 以上	45 以上	45 以上
動粘度（30℃）（mm²/s）	2.7 以上	2.7 以上	2.5 以上	2.0 以上	1.7 以上
硫黄分（質量%）	0.0010以下	0.0010以下	0.0010以下	0.0010以下	0.0010以下
密度（15℃）（g/cm³）	0.86 以下	0.86 以下	0.86 以下	0.86 以下	0.86 以下

注（1）　動粘度（30℃）が 4.7 mm²/s 以下の場合には，350℃ 以下とする．
　（2）　セタン指数は，セタン価を用いることもできる．

（6）　重　油

（a）　生産状況

重油は発電用，工業用，船舶用および一般暖房用などの燃料で，A, B, C の重油（JIS では 1 種，2 種，3 種）がありますが，B 重油は現在はほとんど生産されていません．

A 重油は軽油（直留軽油，分解軽油，間接脱硫軽油）と灯油から調合され，軽油との税法上の区分から残留炭素分調整材として少量の常圧残油が配合されているほか，識別材としてクマリンが添加されています．C 重油は残油（常圧残油，減圧残油，直接脱硫残油，間接脱硫重油，分解重油）と軽油（直留軽油，減圧軽油，分解軽油）から調合されています．

（b）　性質・用途

重油の用途は，工業用（ボイラー，加熱炉など），発電用，内燃機関用（おもに船舶のディーゼルエンジン），暖房用などです．

性質では，粘度，硫黄分，流動点，残留炭素分，灰分が問題にな

るほか，引火点，水分などが規定されています．

　粘度は燃焼時の噴霧性を左右しバーナー選択の基準になり，またポンプで移送するときなどの取扱いの基準になります．したがって，重油はおもに粘度により分類され，わが国では50℃の動粘度により $20\ \mathrm{mm^2/s}$ 以下をA重油（1種），$50\sim1\,000\ \mathrm{mm^2/s}$ をC重油（2種）としています．

　重油は一般に噴霧燃焼されますが，バーナーやエンジンの種類に応じて適当な粘度範囲があります．A重油は通常そのまま適用できますが，C重油では加熱設備が必要で，予熱して粘度を下げて使用されます．

　硫黄分は燃焼して硫黄酸化物を生成し大気汚染の原因となり，ディーゼルエンジンではエンジンの腐食摩耗の原因になります．

　大気汚染防止に関する硫黄酸化物の規制は，地域や設備により異なるので重油の硫黄分に対する需要は多様であり，硫黄分は0.1％きざみで供給されています．外航船では，現在のところ，硫黄分の高いC重油が用いられていますが，徐々に規制が強化される方向にあります．

　残留炭素分が多いと，ノズルにカーボンが付着し燃焼を阻害します．灰分はボイラーの伝熱面に堆積して効率を低下させます．灰分は重油中の金属の酸化物ですが，とくにバナジウムはナトリウムとともに融点500〜700℃程度の低融点の酸化物（$V_2O_5\cdot Na_2O$）を生成し高温腐食を生じます．

　C重油では，基材の分解重油中に微量の触媒粒子（接触分解装置の触媒のアルミナ Al_2O_3 とシリカ SiO_2）が混入しているので，それが過剰になるとディーゼルエンジンの異常摩耗を招きます．船内での前処理を勘案してアルミ（Al）とケイ素（Si）の合計は80 ppm以下であることが必要であるとされています．

そのほか，引火点は予熱して使用するときの安全性の指標になりますし，流動点は冬季の取扱いに関係しますが，予熱する場合は問題になりません．水分はスラッジ発生の原因になります．

なお，A重油は漁船に用いられますが，漁船のディーゼルエンジンではセタン指数［3.2節（7）］が問題になりますし，冬季には低温流動性が問題になります．

重油の発熱量は，総発熱量として39 500～41 000 kJ/kg（10 000～11 000 kcal/kg）の範囲にあります．

重油の用途は，A重油は工業用・暖房用が約80％，内燃機関用が約20％で，業種別では製造業，業務用（暖房，給湯），水産（漁船），農林（ハウス栽培など），運輸（内航船）などです．

C重油は電力用，製造業，船舶用などです．

重油のJIS（JIS K 2205：1991）を**表6.12**に示します．粘度により1種（A），2種（B），3種（C）に大別され，1種は硫黄分により1号，2号に，3種はさらに粘度により1号～3号に，それぞれ細分されています．

表6.12 重油（JIS K 2205：1991）[7]

種類		反応	引火点 (℃)	動粘度(50℃) (mm²/s)	流動点 (℃)	残留炭素分 (質量%)	水分 (容量%)	灰分 (質量%)	硫黄分 (質量%)
1種	1号	中性	60以上	20 以下	5 以下*	4 以下	0.3 以下	0.05 以下	0.5 以下
	2号								2.0 以下
2種				50 以下	10 以下*	8 以下	0.4 以下		3.0 以下
3種	1号		70以上	250 以下	—		0.5 以下	0.1 以下	3.5 以下
	2号			400 以下			0.6 以下		—
	3号			400 を超え 1 000 以下	—		2.0 以下		—

注* 1種および2種の寒候用のものの流動点は0℃以下とし，1種の暖候用の流動点は10℃以下とする．

なお，船舶用重油には，国際規格（ISO 8217）があって，留出燃料油（A重油）と残渣燃料油（C重油）について舶用ディーゼルエンジンに必要な項目が詳細に規定されています．外航船は，ISO規格で取引されています．

引 用 文 献

1) 石油連盟（2009）：今日の石油産業，p. 10
2) JIS K 2240:2007　液化石油ガス（LPガス）
3) JIS K 2202:2007　自動車ガソリン
4) JIS K 2203:1996　灯油
5) JIS K 2209:1991　航空タービン燃料油
6) JIS K 2204:2007　軽油
7) JIS K 2205:1991　重油

7. 石油からの化学製品
──石油化学製品（工業材料）

7.1 石油化学の概要と基礎製品

（1） 原料から製品への流れと動向

石油系の炭化水素を原料にしていろいろな化学製品をつくるのが石油化学で，その大半を占めるのがプラスチック（樹脂）などの高分子製品（約8割を占める）です．石油化学は急成長を続けプラスチックや合成繊維などを大量に供給し，それまでになかった機能をもつ高分子製品によって大きな市場をもつ工業材料をつくり出してきました．

石油化学はアメリカで1920年に石油精製工程から副生するオレフィンガスを原料に溶剤をつくることで出発しましたが，需要の急増により1940年ごろからは原料に天然ガスが用いられ，さらに1950年以降は石油留分のナフサが多く用いられるようになりました．

日本では1957年に丸善石油が接触分解装置の分解ガス中のオレフィンガスを原料に溶剤をつくったのが最初で，1958～59年には数社で高分子製品の生産が始まりました．

現在では原料は石油留分のナフサ・LPガス（プロパン・ブタン）・灯軽油（大半はナフサ），および天然ガスからのエタン・LPガスが用いられています．石油化学製品の基礎製品の代表的なもののエチレンについてみると，最近の世界の生産量は約55％が石油の液体留分のナフサ・灯軽油，約30％が天然ガスからのエタン，

その他がLPガスになっています.

天然ガスをおもな原料にするのはアメリカ,中東地域などの天然ガスの産出地域で,それ以外の日本,ヨーロッパ,中国ではおもにナフサが用いられています.日本では石油精製からのナフサでは不足し,1965年ごろからナフサの輸入を開始し,現在ではナフサの50〜55%は中東などから輸入しています.

次に石油化学の製品ですが,石油化学製品には基礎製品と,基礎製品から誘導される誘導品(最終製品)があり,基礎製品はエチレン,プロピレン,ブタジエンなどのオレフィン系製品と,ベンゼン,トルエン,キシレンの芳香族製品に大別されます.

原料と基礎製品のおもな関係は**表 7.1**のとおりです.

表 7.1 原料と基礎製品の関係

原料の種類	原 料	変換工程	基礎製品
天然ガス	エタン	熱分解	エチレン
	LPガス	熱分解	エチレン,プロピレン
石 油	LPガス	熱分解	エチレン,プロピレン
	ナフサ	熱分解	エチレン,プロピレン,ブタジエン
	ナフサ	改質・抽出	ベンゼン,トルエン,キシレン
	灯軽油	熱分解	エチレン,プロピレン,ブタジエン

オレフィン系の基礎製品は原料から熱分解により製造され,芳香族系の基礎製品は改質と抽出により製造されます

各原料から熱分解により得られる基礎製品の収率(容量%)の例は**表 7.2**のとおりです.

表 7.2 基礎製品の収率の例[1]

原料	エチレン(%)	プロピレン(%)	ブテン(%)	ブタジエン(%)
エタン	48.2	0.2	0.2	1.1
プロパン	34.5	14.0	1.0	2.7
ブタン	35.8	16.4	1.7	3.4
ナフサ	29.8	14.1	4.2	4.9
軽油	24.0	14.5	4.5	4.7

一方,基礎製品からつくられるおもな最終製品は次のとおりです.

基礎製品	最終製品
エチレン	ポリエチレン,ポリスチレン,塩化ビニル樹脂
プロピレン	ポリプロピレン,アクリル繊維,ポリウレタン
ブタジエン	スチレン・ブタジエンゴム,ブタジエンゴム
ベンゼン	ポリスチレン,ナイロン
キシレン	ポリエステル繊維

最終製品の2008年の需要は次のとおりです.

> プラスチック62%,合成繊維9%,合成ゴム7%,
> 合成洗剤・界面活性剤2%,その他14%

プラスチックが6割を占め,プラスチック・合成繊維・合成ゴムの高分子製品が8割弱に達しています.

なお,日本では1990年代後半からプラスチックなどの石油化学製品のアジア地域への輸出が伸びて生産を押し上げてきましたが,最近は中国など新興工業国における石油化学工業の拡大が進んでいるので現在は輸出は減少する見通しです.

原料から最終製品までの製品の流れとその数量・比率について,2008年の例を**図7.1**にあげます.

```
ナフサ供給量──ナフサ消費量─→分解──エチレン──ポリエチレン、ポリスチレン、塩化ビニル
4 509万kL      3 226万kL            688万トン(29%)
国内2 175万kL   LPG消費量            プロピレン──ポリプロピレン、アクリロニトリル
輸入2 334万kL   124万トン             567万トン(19%)
               重質NGL消費量         C₄留分────ブタジエン
               43万トン              294万トン(11%)
               粗製灯軽油消費量       分解油────ベンゼン、トルエン、キシレンへの抽出
               6万kL                          工程にまわる
                                     490万トン(21%)
                                     その他
             └ナフサ改質油─→抽出──ベンゼン────ナイロン
               1 961万kL             458万トン
                                   ─トルエン────溶剤
                                     144万トン
                                   ─キシレン────ポリエステル繊維
                                     570万トン
```

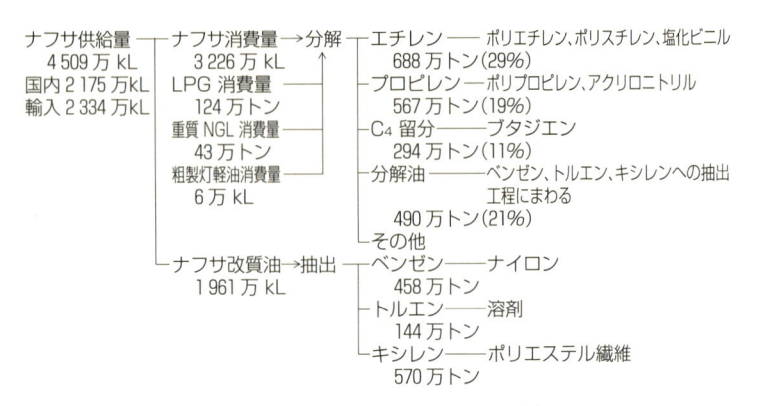

図7.1 製品の流れと数量・比率[2)]

次に，石油化学製品の最近の動向と今後の見通しでは，中国をはじめインド，ASEANなどアジアで需要が大きく拡大し，世界全体としても伸びていて今後もこの傾向が続くものと見込まれています．しかし，日本ではやや減少傾向にあります．

エチレン系の誘導品の当面の需要予測（エチレン換算）の一例を**表7.3**にあげます．

日本では，プラスチックは容器・包装・雑貨などでやや需要増が見込まれるものの，自動車部品・家電部品などの工業部材では産業の海外シフトがいっそう進むことで需要減が見込まれています．さらに中国からの繊維製品輸入などアジア諸国からの製品輸入の拡大が進むことによる生産の減少が見込まれています．

表7.3 エチレン系の誘導品の需要予測[3)]

	世界	アジア	中国	インド	ASEAN	日本	西欧	北中南米
2006年(百万トン)	107.3	39.2	17.3	4.2	5.0	5.8	24.1	32.5
2012年(百万トン)	142.5	57.7	30.5	7.0	7.0	5.4	28.2	39.4
伸び率，年平均(%)	4.8	6.7	9.9	9.1	5.6	-1.0	2.7	3.3

一方,石油化学原料は日本ではナフサがほとんどを占めていますが,ナフサに代わる原料としてLPガス,NGL(天然ガス液),軽油留分の使用が少しずつ進められてきています.欧米では多種類の原料を使用しています.各国のエチレン原料構成比を**表7.4**にあげます(日本は2007年,欧米は2006年).

表7.4 各国のエチレン原料の構成比

日　　本	ナフサ93.5%,LPガス4.5%,NGL(天然ガス液)1.2%,軽油0.7%
アメリカ	エタン(天然ガス)48.4%,LPガス(天然ガス)21.3%,ナフサ16.5%,NGL8.7%,軽油4.6%
欧　　州	ナフサ70.9%,エタン(天然ガス)8.8%,LPガス8.4%,軽油6.3%,NGL5.6%

日本ではナフサの約50%を中東などから輸入してますが,原料の多様化は中東依存度の低下,調達コストの低減をはかるものです.

(2) 基礎製品の製造

(a) ナフサの熱分解によるオレフィンの製造

ナフサを熱分解してエチレン,プロピレン,ブタジエン,イソブチレン,イソプレンなどのオレフィンを製造します.

原料のナフサには,軽質のナフサ,沸点が26〜121℃,炭素数がC_4〜C_9程度の留分を750〜850℃の高温で熱分解し,蒸留塔で,C_3以下の分解ガス,C_4留分(B・B留分という),分解ガソリンなどに分別します.

炭化水素(石油)の熱分解では,オレフィンの生産のために最適なのはn-パラフィンです.シクロパラフィン(ナフテン)の熱反応はオレフィンへの分解反応と芳香族への脱水素反応からなります.芳香族の熱反応は縮合多環化反応と水素化脱アルキル反応が起こります.

生成したオレフィンの二次反応を抑制するために分解生成物は急速に冷却します．

ナフサ分解工程の概略は**図 7.2** のとおりです．

ナフサからの基礎製品の収率は前項の各原料の熱分解による基礎製品の収率の一例，およびわが国の石油化学製品についての 2008 年の原料から製品への流れのとおりです．

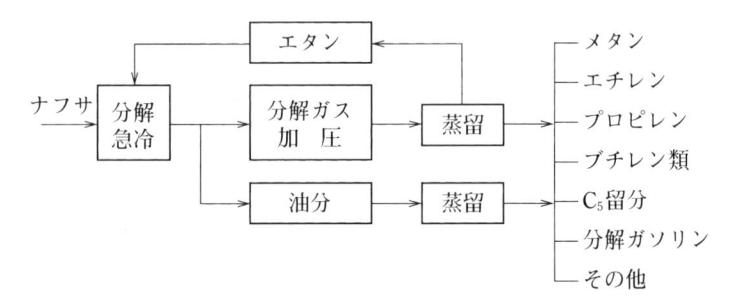

図 7.2 ナフサ分解工程の概略

（b） ナフサからの芳香族の製造

ナフサを接触改質［5.2 節（4）］により改質（パラフィン，ナフテンから芳香族の生成）したのち，溶剤抽出により芳香族を抽出します．

原料のナフサには沸点 60〜140℃，炭素数 C_6〜C_9 程度の留分を用います．

まず，接触改質法は 5 章で述べたとおりで，触媒には白金，または白金とレニウムなどの二元触媒を用い，温度 450〜540℃，圧力 5〜40 kgf/cm^2（水素加圧）で改質反応を行います．ナフテンは脱水素して芳香族に，一部のパラフィンは異性化して芳香族に，それぞれ変換され，溶剤抽出法の原料が得られます．

また，前記のナフサの熱分解の際に副生した分解ガソリンは 70

~80%の芳香族を含んでいるので,水素化精製してスチレンやジエン類の水素化と脱硫を行い,溶剤抽出の原料とします.

次に,溶剤抽出法では芳香族を抽出する溶剤としてはスルフォランが用いられています.スルフォランはテトラメチレンスルフォンです.

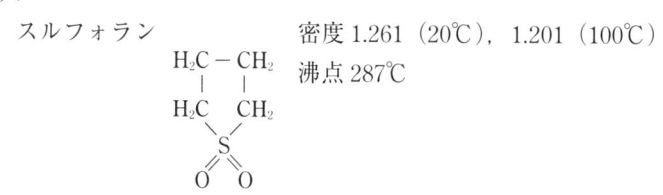

スルフォラン　　　　　　密度 1.261（20℃），1.201（100℃）
沸点 287℃

$$\begin{array}{c} H_2C-CH_2 \\ | \quad\quad | \\ H_2C \quad CH_2 \\ \diagdown \diagup \\ S \\ \diagup \diagdown \\ O \quad O \end{array}$$

溶解性,選択性,芳香族回収率に優れています.

抽出装置（抽出塔）には回転円板接触器を用い,原料は塔底下部に入れ,溶剤のスルフォランは塔の上部に入れると密度の差で向流接触します.

塔底から出るエキストラクトは芳香族を抽出したスルフォランであり,分離塔で芳香族とスルフォランに分けられます.塔頂からのラフィネートはほとんどがパラフィンです.

温度は 65～120℃ で抽出が行われます.

芳香族は蒸留によりベンゼン,トルエン,キシレンなどに分けられます.

接触改質されたナフサは芳香族を 50～70％含んでいます.その芳香族炭化水素の割合の例を**表 7.5** にあげます.

表 7.5 芳香族炭化水素の割合

ベンゼン	5.35%	p-キシレン	7.49%
トルエン	28.90%	エチルベンゼン	6.54%
o-キシレン	7.62%	C_9 以上	28.0%
m-キシレン	16.10%		

トルエンは用途が多くないので、水素化脱アルキル法によりベンゼンに変換されるか、不均化反応によりベンゼンとキシレンに変換されます.

キシレンは、オルソ（o-）、メタ（m-）、パラ（p-）の混合物ですが、最大の用途はパラキシレンで、ポリエステル繊維の原料です. パラキシレンは吸着分離法や深冷分離法で分離されます. メタキシレン、オルソキシレンはパラキシレンに異性化変換（触媒シリカ、アルミナなど）されます.

7.2　高分子材料の化学

（1）　高分子化合物の構造

高分子とは一般に分子量が1万以上のものをいいます. 分子量が1万程度になると特有の性質を示すようになるからです. ポリエチレンは、このあたりでプラスチック状に変化し、ナイロンは曳糸性が現れます.

高分子には、有機高分子と無機高分子（ガラス、ダイヤモンドなど）があり、有機高分子には、合成高分子と天然高分子（綿や木材のセルローズ系、デンプン、絹や羊毛などのタンパク質系など）があります. 合成高分子はほとんどすべてが石油を原料とする石油化学製品です.

（a）　高分子化合物のモノマーの配列構造

高分子は基本構造単位（モノマーまたは単量体という）が規則的に繰り返された構造（重合体）からなっています.

モノマーが何百、何千と結合（重合反応）することで高分子ができています. 重合反応は2つまたは3つ以上の官能基の間で結合が繰り返されて進行します.

7.2 高分子材料の化学

官能基が"C＝C"の二重結合などでは付加反応（付加重合）が進行し，官能基がCOOH基やNH₂基などでは縮合反応（重縮合）により進行します．縮合反応では水などの簡単な分子が離脱して結合がつくられます．

重縮合反応の官能基のおもな例をあげます．

　-COOH　＋　-OH　　→　　-COO-　　＋H_2O　エステル結合
　-COOH　＋　-NH₂　→　　-CONH-　＋H_2O　アミド結合
　-NH₂　　＋　-Cl　　→　　-NH-　　　＋HCl　　イミン結合

最も簡単なポリマーは1種類のモノマーが直線状に結合し配列した線状ポリマーですが，枝分かれ構造をもった分枝（または分岐）ポリマーがあり，枝分かれにより性質は異なってきます．

```
-A-A-A-A-A-A-           線状高分子
                        (ホモポリマー)
         A
-A-A-A-A-A-A-A-         短鎖分枝高分子
     A     A            (ブランチドホモポリマー)
           A-A-A
-A-A-A-A-A-A-A-A-       長鎖分枝高分子
  A-A-A                 (ブランチドホモポリマー)
```

2種類以上のモノマーよりつくられるものを共重合体（コポリマー）といいますが，その配列は，次のとおり配列の形式によってブロック共重合体，交互共重合体，ランダム共重合体，グラフト共重合体と呼ばれます．配列により性質が異なり，また共重合によりポリマーの性質を改良することが行われます．

```
-A-A-A-B-B-B-A-A-A-     ブロック共重合体 (ブロックコポリマー)
-A-B-A-B-A-B-A-B-A-     交互共重合体 (オルタネイティブコポリマー)
-A-A-B-B-A-B-A-B-B-     ランダム共重合体 (ランダムコポリマー)
-A-A-A-A-A-A-A-A-A-     グラフト共重合体 (グラフトコポリマー)
     B-B-B     B-B-B
```

これらの線状ポリマーは可溶・可融，つまり適当な溶媒に溶けるし，加熱すれば溶融します．

これに対し，官能基が3個以上のモノマーは三次元の架橋ポリマーを生成し，不溶・不融，つまり溶ける溶媒がなく，加熱しても溶融しません．

プラスチックでは，前者が熱可塑性樹脂（加熱すれば溶融し，冷えればもとに回復する）であり，後者は熱硬化性樹脂になります．プラスチックの多くは熱可塑性樹脂です．

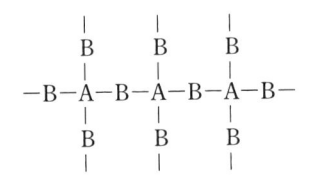

```
          |      |      |
          B      B      B
       -B-A-B-A-B-A-B-
          |      |      |
          B      B      B
          |      |      |
```

（b） 高分子化合物の結晶構造

高分子の多くは分子どうしが配列することで結晶化を起こします．高分子の結晶化は分子鎖がランダムにコイル状態にあるところから，分子鎖が一定の秩序をもって配列することにより起こるものです．

しかし，高分子の結晶化は，低分子のそれとは異なり，分子の一部が配列するだけです．結晶性高分子でもすべてが結晶部分だけでなく，非結晶部分が存在します．

結晶化にともなって空間に，より密に充填されるので，結晶部分の密度は非結晶部分よりも大きくなります．

高分子の結晶は低分子物質とは異なり，溶液中の分子だけではなく，バルクの状態の融液からも結晶化します．高分子のバルクからの結晶化は融点とガラス転移温度の間の温度で起こります．

（2） 高分子化合物の性質

高分子材料は軽量，易加工性，耐薬品性，電気絶縁性などの特徴

をもっています.

① 密度

高分子材料の大きな特徴の1つは軽量性にあります. 炭素と水素のみ, あるいは炭素と水素が大半で構成される高分子化合物の密度はほとんどが 0.900～1.500 にあります. 鉄の 7.90 の 1/6～1/8 です.

プラスチックでは軽いことが包装材料や家庭用品をはじめ多くの用途でメリットになります. 自動車部品では車体重量の軽減により燃費の向上に寄与します.

密度の例を**表 7.6** にあげます.

表 7.6 密度の例

ポリエチレン	0.910～0.960	ブチルゴム	0.910～0.930
ポリスチレン	1.040～1.090	鉄	7.90
ポリ塩化ビニル	1.400～1.500	アルミニウム	2.70
ナイロン6	1.100～1.140		

② 熱可塑性

高分子材料の多くを占めるのは線状ポリマーで熱可塑性です. 加熱すれば軟化し, 冷えればもとに戻ります. このため加工が容易であり, 加工性に優れていることが大きな特徴の1つです.

熱可塑性樹脂の例を次にあげますが, ほとんどが 200～300℃ の範囲で成形ができ, 金属類が 400～700℃ の高温でないと加工できないのに比べて加工が容易です. 低融点合金にしか適用できないダイカスト法に似た射出成形法がほとんどの種類に適用でき, 複雑な形状のものも 10～30 秒で成形できます.

射出成形による成形温度を**表 7.7** にあげます.

プラスチックでは射出成形法のほか, 押出成形法, ブロー成形法, カレンダー成形法などが行われています. 金属やセラミックに比べ, はるかに低価格で加工できます.

表7.7　射出成形による成形温度

ポリエチレン・低密度	149〜260℃	ポリ塩化ビニル	149〜213℃
ポリエチレン・高密度	149〜316℃	ポリプロピレン	204〜288℃
ポリスチレン	163〜316℃	ナイロン6	227〜316℃

熱硬化性樹脂の場合は，一般に低分子物（オリゴマーという）を金型内に流し込んだり，あるいは粉末を入れて金型内で反応させて成形します．

高分子材料は成形が容易なことが，大量消費されるようになった大きな理由の1つです．

③　熱的性質

高分子の結晶の融解は低分子のようにシャープには起こらずに，広い温度範囲にわたって起こります．分子の配列が熱を加えることにより無秩序な構造に移転することによります．

また，もっと低温で起こる熱的転移にガラス転移が観測されます．ガラス転移とは，液体状態にある物質の温度を下げていくとき，ある温度になると物質の分子運動が凍結されてガラス状態になるもので，温度を上げていくときも可逆的に同じ温度で液体状態に転移します．この温度をガラス転移温度と呼んでいます．ガラス転移温度と融点の間の温度では力学的性質は低下します．

ガラス転移温度，融点の例を表7.8にあげます．

なお，ガラス転移温度より温度が高い側にゴム状領域（大きく伸ばしてももとに回復する弾性的性質をもつ温度範囲）が存在します．ゴムはガラス転移温度が低く，常温付近にゴム状領域が存在しているものです．

④　力学的性質

高分子材料は引張強度や弾性率など力学的強度は金属に比べて劣

7.2 高分子材料の化学

表7.8 高分子のガラス転移温度,融点の例

	ガラス転移温度 (℃)	融点 (℃)
ポリエチレン	$-21 \sim -24$	$110 \sim 140$
ポリプロピレン	-35	$165 \sim 173$
ポリ塩化ビニル	$70 \sim 80$	$200 \sim 210$
ポリエステル	$70 \sim 80$	$255 \sim 260$
ポリブタジエン	-90	12
ポリイソブチレン	-65	44

ります.プラスチックの引張強度は $20 \sim 80$ MPa 程度で,鋼の $500 \sim 1\,000$ MPa よりはるかに小さい値です.

ただ,繊維は分子を流れの方向に配向させたもので,その方向には金属に匹敵する強度が現れます.

高分子材料は異方性の強い材料で,構成する分子鎖が配向することにより異方性が現れます.高分子材料を成形すると流れの方向に分子鎖が配向し,力学的強度に異方性をもたらすことになります.成形条件によって力学的性質が変化します.

繊維は紡糸により延伸されて流れの方向に分子がよく配向したもので,同じ材料の場合にも 10 倍近い強度を示します.同じ材料で,プラスチックと繊維の引張強度を比べた例を**表7.9**にあげます.

また高分子材料は弾性と粘性が混在した粘弾性と呼ばれる性質をもちます.弾性は作用する力に変形が比例する性質(金属など)で,

表7.9 プラスチックと繊維の引張強度

	プラスチック (MPa)	繊維 (MPa)
低密度ポリエチレン	$22 \sim 39$	$740 \sim 1\,030$
ポリプロピレン	$34 \sim 42$	$680 \sim 1\,140$
ポリ塩化ビニル	$35 \sim 63$	$270 \sim 360$
ナイロン 6	$49 \sim 84$	$600 \sim 780$

粘性は作用する力に比例して流動する性質（ニュートン流体といいます）です．力を作用させるとあるところまでは弾性を示しますが，それを超えると粘性的な変位を開始します．

7.3　石油化学の最終製品
——日常生活を支える高分子材料

（1）　プラスチック

プラスチック（合成樹脂と同義）は石油化学製品の生産量の半分以上を占める石油化学の代表製品です．例えば，2008年には金額で示すと石油化学製品の62%を占めています．また，2008年の生産量は1 304万トンで容積当たりでは鉄の生産量の1億トンに匹敵します．

プラスチックの種類は非常にたくさんありますが，生産量の約70%は汎用樹脂といわれるポリエチレン（低密度と高密度がある），ポリプロピレン，ポリスチレン，塩化ビニル樹脂の4大（または5大）樹脂が占めています．最近の生産量の推移は**図7.3**のとおりで，2008年の生産量は**表7.10**のとおりです．

プラスチックの用途は包装材料をはじめとし，家庭用品や家電，自動車の部品から住宅の建材など広い分野にわたっていて，現代社会に大変広く浸透しています．2008年のプラスチック製品の用途は**図7.4**のとおりで，フィルムが1/3以上を占めています．

汎用樹脂の特徴は，いずれもが，プラスチックのほとんどの用途（包装用フィルムから各種材料まで）に使用されていることです．

なお，プラスチックには加熱により軟化する熱可塑性樹脂と加熱により硬化する熱硬化性樹脂がありますが，前者が大半を占めています．

7.3 石油化学の最終製品

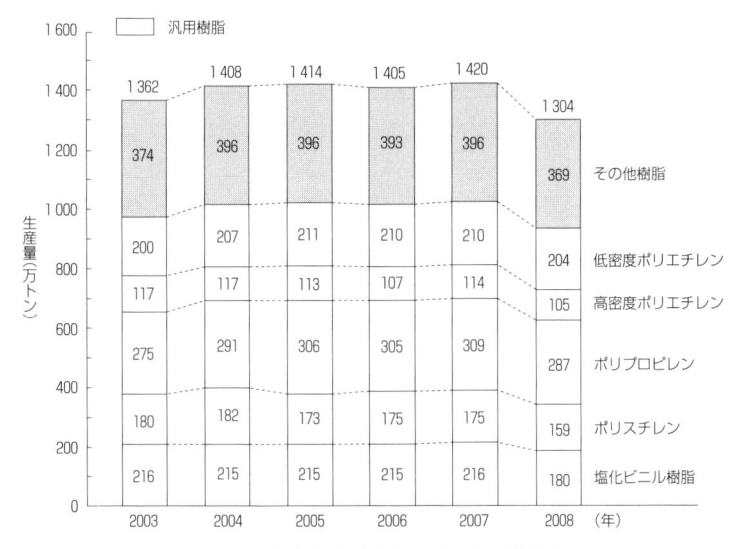

図 7.3 合成樹脂生産量の最近の推移[4]

年	汎用樹脂	その他樹脂	低密度ポリエチレン	高密度ポリエチレン	ポリプロピレン	ポリスチレン	塩化ビニル樹脂	合計
2003		374	200	117	275	180	216	1 362
2004		396	207	117	291	182	215	1 408
2005		396	211	113	306	173	215	1 414
2006		393	210	107	305	175	215	1 405
2007		396	210	114	309	175	216	1 420
2008		369	204	105	287	159	180	1 304

表 7.10 合成樹脂の生産量（2008 年）

低密度ポリエチレン	204 万トン	ポリスチレン	159 万トン
高密度ポリエチレン	105 万トン	塩化ビニル樹脂	180 万トン
ポリプロピレン	287 万トン	その他の樹脂	369 万トン

（a） ポリエチレン

エチレンより重合される高分子で，低密度ポリエチレン（密度 0.910〜0.940）と高密度ポリエチレン（密度 0.940〜0.970）があります．

$$n[\mathrm{CH_2{=}CH_2}] \longrightarrow {+}\mathrm{CH_2{-}CH_2}{+}_n$$

エチレン　　　　　ポリエチレン

168　　　　　　　　　　　　　　　7. 石油からの化学製品

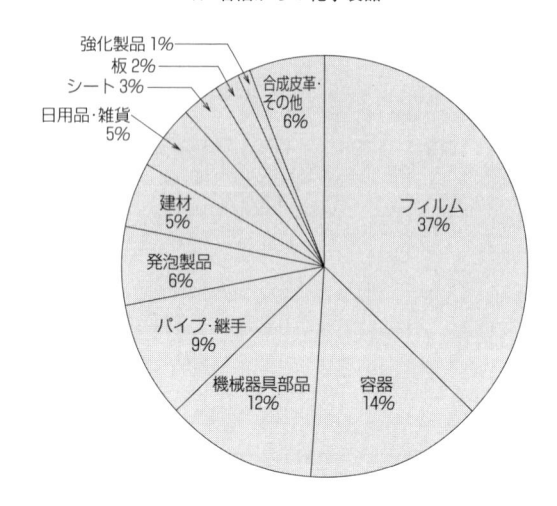

円グラフ:
- フィルム 37%
- 容器 14%
- 機械器具部品 12%
- パイプ・継手 9%
- 発泡製品 6%
- 建材 5%
- 日用品・雑貨 5%
- シート 3%
- 板 2%
- 強化製品 1%
- 合成皮革・その他 6%

```
注:
フィルム………農業用(温室・温床), スーパーの袋・ラップなど包装用, 加工紙など
シート…………包装パック材(たまご・果物用など)
板………………波板, 看板, ドア, 止水板など
合成皮革………かばん・袋物, 靴, 自動車・応接セットのシート, 衣料品など
パイプ・継手……水道用, 土木用, 農業用, 鉱工業用など各種パイプ・継手
機械器具部品……家電製品, 自動車, OA機器など各種機械器具部品
日用品・雑貨……台所・食卓用品, 文房具, 楽器, 玩具など
容　器…………洗剤・シャンプー容器, 灯油缶, ペットボトル, ビールのボトルケースなど
建　材…………雨どい, 床材, 壁材, サッシのガラス押さえ(ガスケット)など
発泡製品………冷凍倉庫・建物などの断熱材, 電気機器・精密機器の緩衝材, 魚箱など
強化製品………浴槽, 浄化槽, ボート, 釣竿, スポーツ用具など
その他…………各種ホース, 照明用カバー, 結束テープなど
```

図 7.4　プラスチック製品生産の用途別需要割合（2008年）[5]

7.3 石油化学の最終製品

(a-1) 製法

① 低密度ポリエチレン

高圧法ポリエチレン（HP-LDPE）と，エチレンにα-オレフィンを中・低圧法で共重合させる直鎖状低密度ポリエチレン（L-LDPE）があります．

HP-LDPE は 2 000 気圧程度の高圧下，150～300℃ で，ラジカル開始剤（ラジカル重合で，開始剤は酸素や有機過酸化物）を用いて重合させたものです．多くの分枝をもち，空間に密に充填されないために密度が低いものです．HP-LDPE は 1939 年に ICI 社により工業化されました．

L-LDPE はエチレンと，ブテン-1，ヘキサン-1 のようなα-オレフィンを中・低圧法や気相法で，共重合させたものです．分子構造は直鎖状ですがα-オレフィンに基づく分枝をもつので密度が低いものになります．エチレンとα-オレフィンの比により共重合体の密度を広範囲に制御できます．

② 高密度ポリエチレン

高密度ポリエチレンは分枝のない直鎖状高分子であるので，密度が高く高密度ポリエチレン（HDPE）と呼ばれます．重合法には低圧法（スラリー法），中圧法（溶液法），気相法があります．

低圧法は 10 気圧程度の低圧で，四塩化チタン・有機アルミニウム（チーグラー触媒）を用いて，炭化水素系溶媒（シクロヘキサンなど）中で重合させるもので，1954 年に工業化されました．ポリエチレンは溶媒中にスラリーで得られます．

中圧法は 30～70 気圧，200～300℃（ポリエチレンは溶解する）で，シリカを担体としたクロム触媒を用いて重合させるもので，1957 年に工業化されています．

その後，1968 年に UCC 社により工業化された気相法は，流動床

重合器に触媒を供給し，下部からエチレンを循環しながら供給するもので，プロセスのコスト面で優れています．

そのほか，高活性のメタロセン触媒の開発が進められています．

(a-2) 性質・用途

2008年の用途別出荷内訳を**表7.11**にあげます．

ポリエチレンの融点は110～140℃と低いので耐熱性は高くありません．

低密度ポリエチレンは柔軟性，弾力性があり，フィルムやシートに大半が利用されています．食品包装用，ゴミ袋などのほか，農業用，産業用に用いられています．

電気絶縁性が高く，吸水性が小さいため，優れた電線の被覆材として用いられています．

高密度ポリエチレンは低密度ポリエチレンより，剛性，引裂き強度などで勝っています．フィルムに多く用いられるほか，射出成形により食品類の容器，ビールや清涼飲料用のコンテナー，かご類が製造され，中空成形により薬品，灯油，潤滑油，液体洗剤などの容

表7.11 ポリエチレンの用途別出荷内訳（2008年）[5]

単位　トン(%)

	低密度ポリエチレン	高密度ポリエチレン
フィルム	741 890 (50.8)	273 754 (31.0)
加工紙（ラミネート）	260 421 (17.8)	
フラットヤーン		29 564 (3.3)
射出成形	81 208 (5.6)	101 801 (11.5)
中空成形	40 793 (2.8)	188 926 (21.4)
繊　維		37 857 (4.3)
パイプ	21 303 (1.5)	69 446 (7.8)
電線被覆	72 713 (5.0)	
その他	241 725 (16.5)	182 986 (20.7)
合　計	1 460 053 (100)	884 334 (100)

器が製造されています．このほかパイプ（水道管，ガス管），包装用などのフラットヤーン（テープ類）に用いられています．

(b) ポリプロピレン

プロピレンより重合される高分子で，プロピレンのモノマーの立体的な配列の規則性により3種類存在するうちの1種類のアイソタクチック構造のみが，プラスチックとして実用になっています．ほかの2種類（アタクチック，シンジオタクチック）は融点が低すぎたり，軟らかすぎたりしてプラスチックとして実用になりません．

$$n[\mathrm{CH_2=CH-CH_3}] \longrightarrow \mathrm{+CH_2-CH+}_n$$
$$\underset{\mathrm{CH_3}}{|}$$

プロピレン　　　　　ポリプロピレン

(b-1) 製法

1957年にイタリアのモンテカチーニ社により工業化されて以来，触媒の開発が次々に進められてきました．1980年代になって四塩化チタン，塩化マグネシウム，有機ケイ素よりなる触媒にトリエチルアルミニウムを助触媒として用いたものが開発され，高い重合活性と高い立体規則性が得られました．1990年代に入ってメタロセン触媒の開発も進められています．

重合法は溶媒を用いる方法から始まり，最近は気相重合法が用いられています．

(b-2) 性質・用途

2008年の用途別出荷内訳を**表7.12**にあげます．

ポリプロピレンはポリエチレンに似た性質をもっていますが，融点は165℃と高く，耐熱性は比較的よく，機械的性質もよいので，射出成形用に多く用いられています．

射出成形品には自動車部品（バンパー，インパネなど），電気機

表 7.12 ポリプロピレンの用途別出荷内訳（2008 年）[5]

	ポリプロピレン (トン)（％）
フィルム	524 435 (20.5)
フラットヤーン	31 432 (1.2)
射出成形	1 398 937 (54.5)
中空成形	20 578 (0.8)
繊　維	116 127 (4.5)
その他	473 454 (18.5)
合　計	2 564 963 (100)

器部品（テレビ・ラジオケース，電気洗濯機部品など），コンテナーなどがあります．

また，フィルムとして食品包装用に広く用いられています．

なお，ガラス転移温度の関係で，低温ではもろくなるので，これを改良するためエチレンを少し共重合させたり，ゴムを分散させたりして，耐衝撃性を向上させたものが生産されています．

(c) **ポリスチレン**

スチレンより重合される高分子で，スチレンはベンゼンとエチレンから合成されます．

$$n\left[\begin{array}{c}\text{スチレン}\\ CH=CH_2\\ |\\ \bigcirc\end{array}\right] \longrightarrow \left[\begin{array}{c}\text{ポリスチレン}\\ -CH-CH-\\ |\\ \bigcirc\end{array}\right]_n$$

ポリスチレンはガラス転移温度が100℃付近にあってもろいので，改善するためにスチレンゴム（スチレン・ブタジエン共重合体）を配合したハイインパクトポリスチレン（HIPS）としたり，スチレンと他のモノマーとの共重合体が開発されています．

共重合体樹脂にはアクリロニトリル・ブタジエン・スチレン三元共重合体（ABS 樹脂），アクリロニトリル・スチレン共重合体（AS 樹脂），メチルメタクリレート・スチレン共重合体（MS 樹脂）などがあり，これらはスチレン系汎用樹脂と呼ばれています．

（c-1） 製法

スチレンはベンゼンとエチレンからエチルベンゼン（触媒は塩化アルミニウム，100℃）を合成し，エチルベンゼンを脱水素（触媒は鉄・クロム，600〜660℃）して得る製法などによります．

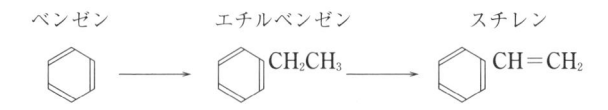

ベンゼン　　　　　　エチルベンゼン　　　　　　スチレン

$$\bigcirc \longrightarrow \bigcirc\text{CH}_2\text{CH}_3 \longrightarrow \bigcirc\text{CH}=\text{CH}_2$$

スチレンの重合はビニル基の付加重合で，ラジカル開始剤（有機過酸化物など）を用いた重合ですが，重合には塊状重合法と懸濁重合法があります．塊状重合法はスチレンに開始剤を加えて 100〜170℃ に加熱します．反応熱の除去（発熱反応）と高粘度液体の移送（反応の進行により粘度が上昇）などに工夫を要します．

懸濁重合法はスチレン，純水，分散剤，開始剤を張り込み，水中にスチレンを油滴として分散して重合を行います．

HIPS 樹脂はゴムをスチレンに均一に溶解し，ゴムのスチレン溶液を用いて塊重合または懸濁重合を行えば，ポリスチレンにゴムが分散されたものが得られます．

ABS 樹脂は乳化重合法により，ブタジエン，純水，乳化剤，開始剤を張り込み，乳化重合を行い，ポリブタジエンラテックス（液状）を製造し，次にスチレン，アクリロニトリル，開始剤を加えて，ポリブタジエンにグラフト反応を行うことにより ABS ラテックスとして製造されます．ABS ラテックスを塩析，脱水，乾燥して ABS

樹脂が得られます.

ポリスチレンは1930年代にIG社で工業化が行われたものです.

（c-2） 性質・用途

2008年の用途別出荷内訳を表7.13にあげます.

① ポリスチレン

ポリスチレンはプラスチックの中で，透明性に優れ，また剛性に優れるがもろい欠点があります.

包装用では透明シートとして食品包装用にコンビニエンスストアの需要が増大しています.

電気・工業用では透明性を生かして，オーディオテープの透明ケース，CDケース，冷蔵庫のトレー，棚などに用いられています.

発泡成形（発泡剤としてC_5〜C_7のパラフィンを混ぜて発泡させる）して食品用トレー，カップ，どんぶり，インスタント食品容器，弁当箱などコンビニエンスストアで多く用いられています．また，ボードとして建材用の断熱材，パネルなどに用いられています.

発泡成形は，プラスチックに発泡剤を加えて加熱し，発生するガスを利用して発泡させるもので，発泡倍率は10〜70倍が多く，優れた軽量性，断熱性などをもたせることができます.

表7.13 ポリスチレンの用途別出荷内訳（2008年）[5]

	ポリスチレン（トン）(%)
電気・工業用	176 804 (23.0)
包装用	346 085 (45.0)
雑貨用・他	101 997 (13.3)
フォームスチレン用	143 552 (18.7)
合　計	768 438 (100)

② HIPS樹脂

ポリスチレンをゴム成分で補強したもので，不透明になりますが，耐衝撃性などが向上します．

包装用では弁当箱，カップ，トレーなどに用いられます．

電気・工業用では，エアコン，電気掃除器など家電製品，テレビ，VTR，ステレオなどAV・音響機器，オーディオテープのハウジング材として多用されています．洗濯機，冷蔵庫の箱材としても用いられています．

③ ABS樹脂

性質はHIPS樹脂に類似していますが，耐衝撃性，耐薬品性，外観が優れている反面，成形性が犠牲になっています．

電気・工業用ではHIPS樹脂と同様，エアコン，冷蔵庫，テレビ，VTR，パソコン，電話器などのハウジングに用いられています．

自動車用では，インパネ（計器盤），メータークラスターなどの内装部材，ラジエーターグリル，エアスポイラーなどの外装部品に用いられています．

住宅用では，洗面化粧台，トイレ便座，衛生器具，家具，椅子などに用いられています．

(d) ポリ塩化ビニル（塩化ビニル樹脂）

塩化ビニルより重合される高分子です．塩化ビニルはエチレンと塩素より合成されます．

$$n[\mathrm{CH_2=CHCl}] \xrightarrow{\text{塩化ビニル}} \underset{\text{ポリ塩化ビニル}}{+\mathrm{CH_2-CH}\underset{|}{}\!+_n}$$
$$\mathrm{Cl}$$

(d-1) 製法

塩化ビニルは，エチレンと食塩の電解により得られる塩素とから合成される二塩化エチレンの脱塩化水素により得られます．

$$CH_2 = CH_2 \ + \ Cl_2 \ \longrightarrow \ CH_2Cl - CH_2Cl$$
$$CH_2Cl - CH_2Cl \ \longrightarrow \ CH_2 = CHCl + HCl$$

副生する塩化水素は酸化して塩素を生成させてエチレンと反応させ二塩化エチレンを合成します．この反応が併用されます．

$$CH_2 = CH_2 \ + 2HCl + \frac{1}{2}O_2 \ \xrightarrow{CuCl_2} \ CH_2Cl - CH_2Cl + H_2O$$

次に，塩化ビニルの重合はビニル基の付加重合で，ラジカル開始剤（有機過酸化物など）を用いて重合させます．

懸濁重合法，乳化重合法，溶液重合法がありますが，回分式の懸濁重合法がほとんどを占めています．製品品質，品質制御などで優れているからです．

懸濁重合法では，塩化ビニル，純水，分散剤，開始剤を張り込み，水中に油滴として分散させて重合を行います．生成物は遠心分離による脱水，乾燥をへてポリ塩化ビニルが得られます．

ポリ塩化ビニルは1930年代にIG社，UCC社などで工業化されたものです．

(d-2) 性質・用途

ポリ塩化ビニルは高い硬度をもちますが，可塑剤の混合によって軟質製品が製造されます．

2008年の用途別出荷内訳を**表7.14**にあげます．

ポリ塩化ビニルの特徴は炭素鎖に導入された塩素に起因します．塩素は電気陰性度が大きいので，電気的に分極した極性の高分子になります．高い硬度をもつのは分極した分子間の引力のためで，可塑剤の混合によって硬度は調節できます．可塑剤はフタル酸系のものなどが用いられています．

極性高分子のため，他の材料との接着性が良く，二次加工性が良いことが広い用途につながっています．その反面，分子間力が強い

表7.14 塩化ビニル樹脂の用途別出荷内訳 (2008年)[5]

	塩化ビニル樹脂 (トン)(%)
硬質用	658 001 (56.1)
軟質用	297 268 (25.3)
電線被覆・その他	218 722 (18.6)
合　計	1 173 991 (100)

ことから射出成形など高い流動性を要する加工には不向きです.

　また,非晶性ポリマーで透明性をもち,気体透過性が低く,化学的に安定です.

　硬質製品の大半は土木建築材料として消費されています.土木建築材では,パイプ,継手として上下水道,農業用水用,工場配管に用いられ,押出品として雨どい,天井,壁,窓枠,デッキなどに用いられ,板としてテラス,物置,カーポートなどに用いられ,床材としてタイル,カーペットに用いられています.

　軟質製品の半分はフィルム,シートで食品包装材料に用いられ,残りの半分は雨衣,傘,各種カバー,鞄,はきもの,ホース,チューブ,マット類,手袋,自動車や椅子のレザーシートがあります.

　そのほか,電線被覆用(配線,コード,ケーブル)などに用いられます.

(e) その他のプラスチック

① エンジニアリングプラスチック

　汎用樹脂はバランスのとれた性質をもち,安価で,生産量は全プラスチックの7割を占めていますが,強度や耐熱性の面で汎用樹脂より優れたものへの要求も多くなり,新しいプラスチックが次々に登場しています.これらはエンジニアリングプラスチックと呼ばれ

ています.

代表的なものにポリアセタール, ポリカーボネート, ナイロン, ポリフェニレンオキシド, ポリブチレンテレフタレートがあり, 5大エンジニアリングプラスチックと呼ばれています.

エンジニアリングプラスチックの例として, ポリカーボネートとポリアセタールをあげます.

〈ポリカーボネート〉

ポリカーボネートはビスフェノールとジフェニルカーボネートをエステル交換しつつ重縮合して製造されます.

$$n\left[HO-\underset{CH_3}{\underset{|}{\overset{CH_3}{\overset{|}{C}}}}-OH\right] \xrightarrow{n\left[\left(\bigcirc-O\right)_2 CO\right]} \left[O-\underset{CH_3}{\underset{|}{\overset{CH_3}{\overset{|}{C}}}}-O-\underset{O}{\overset{\|}{C}}\right]_n$$

ビスフェノール / ジフェニルカーボネート / ポリカーボネート

強度, とくに耐衝撃性に優れ, 耐熱性, 電気絶縁性, 寸法安定性などにも優れています

光学材料, 機械材料, 電気材料, その他各種容器類に用いられます.

〈ポリアセタール〉

ポリアセタールはホルムアルデヒドの重合体であり, 通常ホルムアルデヒドのトリオキサンを重合して製造されます. 安定性を改善するため分子末端をアセチル化またはエーテル化しています.

$$n\left[HCHO \begin{array}{c} O \\ O \\ O \end{array}\right] \longrightarrow RCO_2-\left[CH_2O\right]_n-COR$$

ホルムアルデヒド・トリオキサン / ポリアセタール

1956年にデュポン社で発明されたもので, 機械的特性が非常に

優れており,熱変形温度が高く,疲労抵抗性がよいので,金属代替分野に利用されています.例えば,歯車,軸受,カムなどとして機械,電気,車両の部品に用いられます.

② 熱硬化性樹脂

汎用樹脂をはじめ多くの樹脂は熱可塑性樹脂ですが,熱硬化性樹脂も,生産量の多いものはありませんが,種々のものが生産されています.

熱硬化性樹脂はオリゴマー(分子量 10 000 以下の分子)で用いられ,加熱して樹脂とします.

代表的なものにフェノール樹脂,エポキシ樹脂,アミノ樹脂(アミノ基を含む樹脂の総称で,ユリア樹脂,メラミン樹脂など)があります.

(2) 合成繊維

合成繊維は石油化学製品の生産量に占める割合が9%程度(2008年,金額ベース)で,2008年の生産量は52.3万トンです.

合成繊維の生産量は1980年代以降減少傾向にありますが,天然繊維を含めた全繊維に対する割合は増加を続けて2008年は81%に達しています.

これは天然繊維から合成繊維への代替は進んでいますが,わが国では繊維の生産が近隣の途上国にかなり移行したためです.その推移を図 **7.5** にあげます.2008 年は表 **7.15** のとおりです.

レーヨン・アセテートは木材パルプなどを原料とするセルローズから製造される繊維です.

合成繊維はポリエステル,ナイロン,アクリルの3大繊維で大半を占めています.その推移を表 **7.16** にあげます.2008 年は表 **7.17** のとおりで3大繊維が77%を占めています.

合成繊維の多くはプラスチックとしても,フィルムや成形物とし

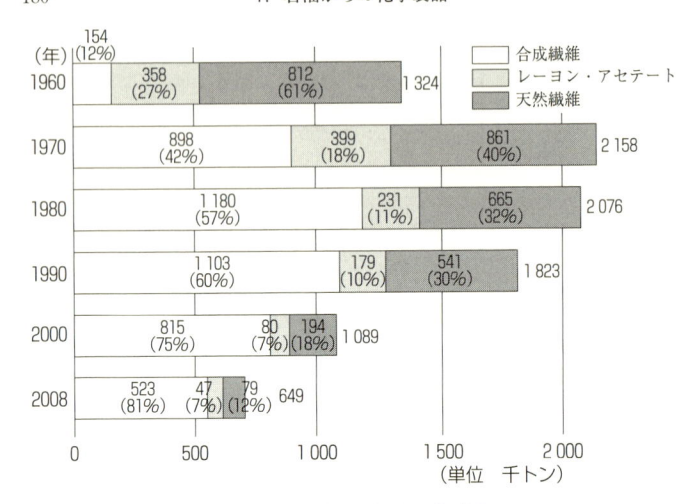

図 7.5 繊維生産量の推移[6]

表 7.15 繊維生産量（2008 年）

合成繊維	52.3 万トン (81%)
レーヨン・アセテート	4.7 万トン (7%)
天然繊維	7.9 万トン (12%)
合　計	64.9 万トン (100%)

表 7.16 合成繊維生産量の推移[6]

単位　千トン(%)

	1970 年	1980 年	1990 年	2000 年	2008 年
ポリエステル	332 (37.0)	574 (48.6)	581 (52.7)	462 (56.7)	275 (52.6)
ナイロン	297 (33.1)	308 (26.1)	279 (25.3)	178 (21.8)	112 (21.4)
アクリル	152 (16.9)	236 (20.0)	188 (17.0)	60 (7.4)	14 (2.7)
ビニロン	80 (8.9)	34 (2.9)	23 (2.1)	16 (2.0)	n.a.
その他	37 (4.1)	28 (2.4)	32 (2.9)	99 (12.1)	122 (23.3)
合　計	898 (100)	1 180 (100)	1 103 (100)	815 (100)	523 (100)

注　2008 年のビニロンは"その他"に含まれる.

7.3 石油化学の最終製品

表 7.17 合成繊維生産量 (2008 年)

ポリエステル	27.5万トン (53%)	アクリル	1.4万トン (3%)
ナイロン	11.2万トン (21%)	その他	12.2万トン (23%)

て用いられていますが,紡糸すると優れた繊維になるため,おもに繊維として用いられているものです.

合成繊維は紡糸により延伸されると分子が繊維方向に配向して流れの方向に強度が上がったもので,引張強度は 400～700 MPa で鋼とあまり変わりません.

紡糸は小さな紡糸口から押し出すもので,溶融紡糸,湿式紡糸,乾式紡糸があります.溶融紡糸は融点以上の温度に上げて溶融させて紡糸する方法であり,湿式紡糸は溶媒に溶解して紡糸口から溶液中に紡糸する方法であり,乾式紡糸は溶媒に溶解して空気または不活性ガス中へ溶媒を蒸発させて紡糸する方法です.

ポリエステル繊維は約 300℃ で,ナイロン 6 は 265～285℃ で溶融紡糸されます.

アクリル繊維は湿式または乾式で紡糸されます.

また,糸には絹のように長い繊維と,木綿や羊毛のように短い繊維があり,前者をフィラメント,後者をステープルと呼んでいます.

合成繊維の多くは 1 つの材料に 2 つのタイプがあります.

(a) ポリエステル

わが国ではテトロンの名称で親しまれている繊維で,衣料として最も多く使用されています.2008 年の生産量 (27.5 万トン) は合成繊維の 53%,全繊維合計の 43% を占めています.

テレフタル酸とエチレングリコールのエステル化・重縮合によるポリエチレンテレフタレートのことです.ポリエステルとは主鎖にエステル結合をもつポリマーという一般名称ですが,ポリエステル

というと通常ポリエチレンテレフタレートをさします．

ポリエチレンテレフタレート
$$\left[CO-\bigcirc-COO(CH_2)_2O \right]_n$$

(a-1) 製法

ポリエチレンテレフタレートは，1949年にICI社，ついで1953年にデュポン社で工業化されましたが，ジメチルテレフタレートを経由する方法であり，現在，主流となっているのは高純度テレフタル酸による方法で，1965年にアモコ社で開発されたものです．

テレフタル酸はパラキシレンを空気酸化（触媒はコバルト・マンガン・臭素，180〜230℃）して得られ，得られたテレフタル酸は水添反応と晶析などにより精製し高純度テレフタル酸とします．

パラキシレン　　　　　　　　テレフタル酸
$$H_3C-\bigcirc-CH_3 \xrightarrow{O_2} HOOC-\bigcirc-COOH$$

エチレングリコールはエチレンの空気酸化（触媒は銀，200〜300℃，10〜30気圧）によりエチレンオキサイドが得られ，次にエチレンオキサイドの水溶液の水和反応（150〜200℃，15〜30気圧）によりエチレングリコールとする方法で得られます．

エチレン　エチレンオキサイド　　エチレングリコール
$$CH_2=CH_2 \xrightarrow{O_2} \underset{O}{CH_2-CH_2} \xrightarrow{H_2O} HO-CH_2-CH_2-OH$$

次に，高純度パラキシレンとエチレングリコールのエステル化・重縮合反応によりポリエチレンテレフタレート（ポリエステル）が得られます．

7.3 石油化学の最終製品

```
    テレフタル酸      エチレングリコール                    ビスヒドロキシテレフタレート
HOOC〈 〉COOH + HO−(CH₂)₂−OH ──→ HO(CH₂)₂OCO〈 〉COO(CH₂)₂OH + H₂O

    ビスヒドロキシテレフタレート                        ポリエチレンテレフタレート
n[HO(CH₂)₂OCO〈 〉COO(CH₂)₂OH] ──→ HO(CH₂)₂O─[CO〈 〉COO(CH₂)₂O─]ₙ
        エチレングリコール
  +(n−1)HO−(CH₂)₂−OH
```

このほかに、ジメチルテレフタレートを経由する製法があります。

(a-2) 性質・用途

ポリエステルは耐熱性、耐光性、耐摩耗性、強度などに優れて、乾湿によってあまり変化せず、シワの回復性、熱固定性がよく、ウォッシャブル衣料として広く使用されています。他の繊維との混紡性にも優れています。1960年代にナイロンを抜いて合成繊維の第1位になり、全繊維の40%を超えるにいたっています。

ポリエステル、ナイロン6、アクリルの性質を比べると**表7.18**のとおりです。

ポリエステルは弾性回復が優れ、吸水率も低いことから背広地やシャツ地に多く用いられています。

衣料以外にフィルム、ボトルとしても広く使われています。強靱で、かつ寸法安定性がよく、絶縁性が高く、耐薬品性に優れています。包装フィルム、写真フィルム、磁気テープ、絶縁テープなどに

表7.18 代表的な繊維の性質[7]

性　　質	ポリエステル	ナイロン6	アクリル
密　度　　(kg/m^3)	1 380	1 140	1 140〜1 170
融　点　　(℃)	255〜260	215〜220	不明瞭
引張強度　(MPa)	530〜740	490〜660	330〜520
引張弾性率 (GPa)	11〜20	2.0〜4.5	4.0〜9.0
水分率(%)(20℃)	0.4〜0.5	3.5〜5.0	1.2〜2.0

用いられています.

なお,テレフタレートは,テレフタル酸と1,4-ブタンジオールとの重合で,ポリブチレンテレフタレート樹脂としても使われています.プラスチックのところでふれた代表的なエンジニアリングプラスチックの1つです.

(b) ナイロン

ナイロンはポリエステルについで広く使用されている繊維で,2008年の生産量11.2万トンは合成繊維の21%を占めています.

ナイロンにはナイロン6とナイロン66があります.

ナイロンは1935年のナイロン66の発明に始まり,その後,各種のナイロンが開発されましたが,大量に生産されているのはナイロン6とナイロン66の2種類です.

ナイロン6はε-カプロラクタム$(CH_2)_5CONH$が開環重合した高分子で,ナイロン66はアジピン酸$HOOC(CH_2)_4COOH$とヘキサメチレンジアミン$H_2N(CH_2)_6NH_2$が重縮合した高分子です.

日本ではナイロン6が,アメリカではナイロン66がおもに製造されています.以下,ナイロン6について述べます.

$$n \left[\begin{array}{c} (CH_2)_5 \\ CO-NH \end{array} \right] \longrightarrow \left[NH(CH_2)_5CO \right]_n$$

カプロラクタム　　　　　　　　　　ナイロン6

(b-1) 製法

カプロラクタムは炭素6つと窒素1つからなる7員環の環状アミド化合物です.2,3の製法がありますが,シクロヘキサノンのオキシム化による方法が最も広く行われています.

シクロヘキサノンはベンゼンを水素添加(触媒はニッケル系)してシクロヘキサンとしたのち,液相酸化(触媒はコバルト系)して

シクロヘキサノールとシクロヘキサノンの混合物を得て，シクロヘキサノールは脱水素（触媒は銅系）してシクロヘキサノンと合わせる方法によります．

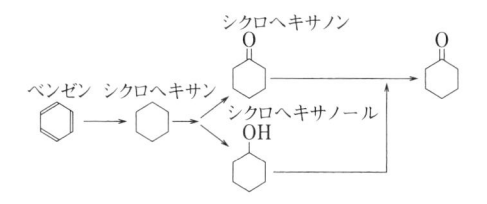

次に，シクロヘキサノンとヒドロキシルアミン（アンモニアと亜硝酸より合成）の反応によりオキシムを合成します．オキシムを硫酸中で加熱（80〜110℃）するとベックマン転移が起こりラクタムが得られます．

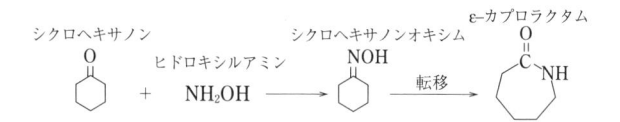

さらに，カプロラクタムに水を加え 250〜260℃ に加熱すると開環重合してナイロン 6 が得られます．

シクロヘキサノンからオキシムを合成し，これを転移させてカプロラクタムを製造する方法は，1943 年にドイツの IG 社で工業化された方法が基本となっていますが，その後，種々の改良が施されて発展してきています．ポリエステルなどの原料の製法に比べて工程が多く，簡便な製法の開発が望まれています．

(b-2) 性質・用途

性質は表 7.18 で比べたとおりです．軽くて強く，摩擦や折り曲げに強い性質をもっています．約 8 割が繊維として消費されていま

す．

　衣料用として柔らかく絹に似た感触，性質をもつので，ストッキングやペチコートなどに用いられます．

　産業用としてカーペット，パラシュート地，自動車のタイヤコード，漁網，ロープなどに用いられます．

　残りの約2割はナイロン樹脂としてラジエータータンク，ホイールキャップなどの自動車・車両部品，コネクター，コイルボビンなどの電気・電子機器部品として用いられるほか，フィルムシート，チューブなどにも用いられます．代表的なエンジニアリングプラスチックの1つです．

（c）　アクリル繊維

　アクリル繊維は羊毛に似た性質をもつ繊維で，2008年の生産量1.4万トンは合成繊維の3%を占めています．

　アクリロニトリルより重合された高分子を主成分とする繊維です．

$$n\,[CH_2=CHCN] \longrightarrow {+\!\!\!\!\!-\!CH_2-CH\!-\!\!\!\!\!+}_n \atop CN$$

アクリロニトリル　　　　ポリアクリルニトリル

　ポリアクリロニトリル単独では，熱可塑性が不良で，また染色性もよくないので，アクリル酸メチル $CH_2=CHCOOCH_3$ や酢酸ビニル $CH_2=CH-OCOCH_3$ などのモノマー少量と共重合させたものが，アクリル繊維として使われます．

　また，アクリロニトリルは繊維以外に，ポリスチレンのところで述べたとおり，スチレンとの，またはスチレンおよびブタジエンとの共重合体が，AB樹脂，ABS樹脂として広く使われています．

（c-1）　製法

　アクリロニトリルはSohio法（スタンダード石油オハイオ，1957

年)といわれる方法によりプロピレンのアンモニア酸化(触媒はリン・モリブデン・ビスマス系,400~500℃,流動層)により製造されます.

$$\underset{\text{プロピレン}}{CH_2 = CHCH_3} + NH_3 + \tfrac{3}{2} O_2 \longrightarrow \underset{\text{アクリロニトリル}}{CH_2 = CHCN} + 3H_2O$$

反応生成ガスからは,硫酸水溶液による洗浄(未反応アンモニアを硫安として除去),吸収塔(副生成物を水に吸収),抽出蒸留などをへてアクリロニトリルが取り出されます.

アクリロニトリルとアクリル酸メチルなどとの共重合は乳化重合により,純水,乳化剤,開始剤とともに張り込み乳化させて重合を行います.

また,紡糸はジメチルホルムアミドなどを溶媒として湿式または乾式で紡糸されます.

(c-2) 性質・用途

アクリル繊維は耐熱性,耐光性,耐薬品性に優れ,弾性に富んで,かさが高く羊毛に似た特徴をもっています.

約6割が繊維として消費され,毛織物様の衣料,編組品として用いられ,セーター,メリヤス製品,羊毛との混紡により服地,毛布,ふとん綿などになります.工業用布にも用いられます.

約4割はABS樹脂,AS樹脂などになります.

(d) その他の合成繊維

① ビニロン(ポリビニルアルコール)

エチレンに酢酸,酸素を反応(触媒はシリカまたはアルミナを担体としたパラジウム)させて酢酸ビニルを合成し,酢酸ビニルをメタノール溶液中で重合させてポリ酢酸ビニルとします.ポリ酢酸ビニルの加水分解(けん化)によりポリビニルアルコールが得られます.

$$\underset{\text{エチレン}}{CH_2=CH_2} \longrightarrow \underset{\underset{COOCH_3}{|}}{\underset{\text{酢酸ビニル}}{CH_2=CH}} \longrightarrow \underset{\underset{COOCH_3}{|}}{\underset{\text{ポリ酢酸ビニル}}{+CH_2-CH+_n}} \longrightarrow \underset{\underset{OH}{|}}{\underset{\text{ポリビニルアルコール}}{+CH_2-CH+_n}}$$

以前はアセチレンと酢酸を反応させて酢酸ビニルを合成するアセチレン法によっていましたが，現在は，1960年代に工業化されたエチレン法になっています．

ポリビニルアルコールを湿式または乾式紡糸したのち，延伸，熱処理してビニロン繊維が得られます．

強度，耐候性に優れていて，シート，テント，ロープなどに用いられます．

② ポリ塩化ビニル繊維

ポリ塩化ビニル系の繊維は，塩化ビニルの懸濁重合，または塩化ビニルと酢酸ビニル，アクリロニトリルとの共重合によって得られるポリマーを乾式紡糸したものです．

耐薬品性，耐水性が優れ，漁網などに用いられます．

③ ポリオレフィン繊維

ポリエチレン繊維とポリプロピレン繊維があり，いずれも溶融紡糸によりつくられます．

軽く，強度が優れ，ロープや漁網などに用いられます．

（3） 合成ゴム

合成ゴムは石油化学製品の生産に占める割合が7%程度（2008年，金額ベース）で，2008年の消費量（新ゴム）は113.8万トンです．

合成ゴムの生産量は伸びてきましたが，1990年ごろ以降は横ばいで推移しています．また合成ゴムが全ゴムに占める割合は，2008年は56%です．それらの経過を**図 7.6**にあげます．

合成ゴムには，いろいろな種類がありますが，その50%余りはスチレン・ブタジエンゴムSBRが占めています．またゴムには固

7.3 石油化学の最終製品

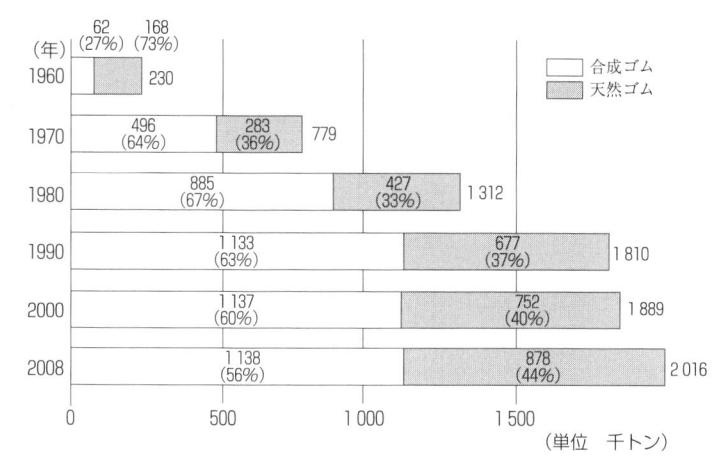

(年)	合成ゴム	天然ゴム	
1960	62 (27%)	168 (73%)	230
1970	496 (64%)	283 (36%)	779
1980	885 (67%)	427 (33%)	1 312
1990	1 133 (63%)	677 (37%)	1 810
2000	1 137 (60%)	752 (40%)	1 889
2008	1 138 (56%)	878 (44%)	2 016

(単位 千トン)

図7.6 ゴム消費量の推移[6]

形状ゴム（ソリッド）と液状ゴム（ラテックス）がありますが，ラテックスの大半は SBR が占めています．

スチレン・ブタジエンゴム SBR についで多いのは，ブタジエンゴム BR で，そのほかにエチレン・プロピレンゴム EPDM，クロロプレンゴム CR，ブチルゴム IIR，ニトリルゴム NBR，イソプレンゴム IR があります．

ゴムの用途の最大のものは自動車のタイヤで，合成ゴムは自動車とともに伸びてきたものです．固形ゴムの約6割はタイヤとチューブに用いられています．

2008年の合成ゴムの用途別需要割合を**図7.7**にあげます．自動車にはタイヤ（SBR，BR），チューブ（IIRなど）のほかバンパー（EPDMなど）や窓枠・ウェザーストリップ（EPDM）などの外装材に用いられています．またホース，ベルトなどの工業用品から運動用品，履物にいたるまで広い用途があります．

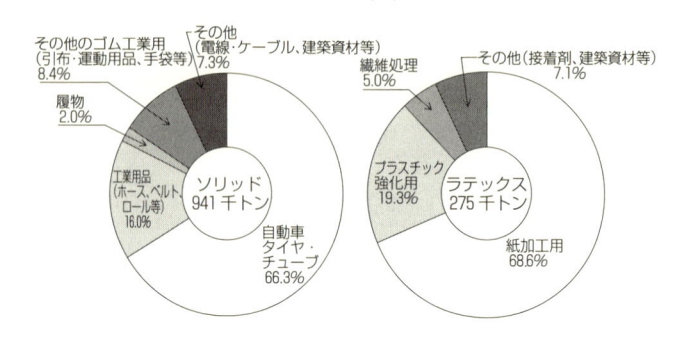

図 7.7　合成ゴム用途別内訳（2008 年）[6]

ラテックスは紙加工用，プラスチック強化用，繊維の表面処理用，接着剤などに用いられます．

ゴムは弾性率は低いですが，破断伸びが大きく，大きく伸ばしてももとに回復します．このような弾性的性質をもつ温度範囲がゴム状領域で，多少の違いはありますが，すべての高分子材料に存在します．ただ実用に供するゴムは，常温付近にこのゴム状領域が存在するものです．

ゴム状領域はガラス転移温度［7.2 節（2）参照］より温度が高い側に存在します．ガラス転移温度が SBR は -51℃，BR は -90℃，IIR は -61℃ などです．

ゴムは液体状態より少し低温側のゴム状領域を実使用温度としているので，高温には耐えられません．また低温になるとゴム的性質が低下し硬くもろくなります．

また，ほとんどのゴムには加硫と呼ばれる処理などを施しています．ゴムだけでは弾性率が小さく，引張強度も小さいですが，加硫により分子鎖間に網目構造を形成させると，それらが向上し，優れたものになります．加硫では通常ゴム 100 部に硫黄が 0.5～5 部添

加されます．

　さらに，カーボンブラックなどの充填剤を加えて引張強度，引裂き強度，摩耗特性などを改良します．カーボンブラックはゴム100部に対して50部も加えられます．

　スチレン・ブタジエンゴム SBR，ブタジエンゴム BR，エチレン・プロピレンゴム EPDM，ブチルゴム IIR，イソプレンゴム IR を汎用ゴムと呼び，その他を特殊ゴムと呼ぶこともあります．

　汎用ゴムの特色とおもな用途を**表 7.19** にあげます．

（a）スチレン・ブタジエンゴム SBR

スチレンとブタジエンの共重合による高分子です．

$$n\begin{bmatrix} \text{スチレン} \\ C_6H_5{-}CH{=}CH_2 \\ \text{ブタジエン} \\ CH_2{=}CH{-}CH{=}CH_2 \end{bmatrix}_m \longrightarrow [CH_2{-}CH(C_6H_5)]_n[CH_2{-}CH{=}CH{-}CH_2]_m$$

スチレン・ブタジエンコポリマー

　スチレン，ブタジエンの共重合は乳化重合法と溶液重合法が行われていますが，前者が多く行われています．

　乳化重合法ではスチレン，ブタジエン，純水，乳化剤，開始剤（有機過酸化物）を張り込み乳化して重合させます．

　溶液重合法では溶媒に n-ヘキサンなどの炭化水素を用い，開始剤には有機リチウム（n-ブチルリチウムなど）を用いて重合させます．

　乳化重合法 SBR は 1933 年に IG 社により工業化され，溶液重合法 SBR は 1964 年にフィリップス社により工業化されたものです．

　SBR はスチレン成分が 25% 程度のものが一般的ですが，50〜75% のハイスチレンゴムもつくられています．スチレン量が多くなるとベンゼン核のために分子間力が強くなり，硬度が増して樹脂状

になります.

　合成ゴムの中で加工性や物理的性質が天然ゴムに近く, すべての用途に用いられる汎用性が高いゴムです. タイヤ, ベルト, ホースなどに広く用いられます. ハイスチレンゴムは硬度が高いことから靴底などのはきもの類に多く用いられます.

表 7.19 汎用ゴムの特色とおもな用途[8]

種類	特色	用途分野と使用部品	
SBR	最も汎用性大 加工性	タイヤ	乗用車用タイヤのトレッドおよびカーカス
		自動車部品	防振ゴム, 窓枠, ホース
		工業用品	コンベアベルト, パッキング
		その他	靴底, 床材, 電線被覆, ゴム引布, マット類
BR	耐摩耗性 低温特性	タイヤ	乗用車およびトラック, バスのタイヤトレッドおよびサイドウォール
		工業用品	防振ゴム, ロール, ホース
		その他	靴底, ゴルフボール
		樹脂ブレンド	耐衝撃性ポリスチレン
IR	強度特性	タイヤ	スチールベルトおよびカーカスコートゴム
		その他	医療, 食品用ホース, 栓類, パッキング類
IIR	気体不透過性	接着剤	塩化ゴム
		タイヤ	チューブ, インナーライナー
		工業部品	防振ゴム, 電線被覆
		その他	防水シート, シーリング材
EPDM	耐オゾン性 耐候性	自動車部品	ラジエターホース, ファンベルト, ウェザーストリップ, バンパー
		工業用品	電線被覆, シール類
		建築用品	ルーフィング
		樹脂ブレンド	PPへのブレンド

7.3 石油化学の最終製品

(b) ブタジエンゴム BR

ブタジエンを重合した高分子です．

$$n[\text{CH}_2=\text{CH}-\text{CH}=\text{CH}_2] \longrightarrow \text{ }\!\!+\!\!\text{ CH}_2-\text{CH}=\text{CH}_2-\text{CH}_2\!\!+\!\!\text{}_n$$

(ブタジエン → ポリブタジエン)

ブタジエンにはシス，トランス，ビニルがありますが，シス型を多く含む高シス-BR（シス90%以上）と低シス-BRがあり，高シス-BRのほうが性質が優れているので多く生産されています．

高シス-BRは触媒にチタンTi，コバルトCo，ニッケルNi，ネオジムNdのいずれかの化合物と有機アルミニウムを組み合わせたものを用いて重合させて得られます．

低シス-BRはSBRの溶液重合法と同様に，溶媒にn-ヘキサンなどを用い，有機リチウムを開始剤として重合させて得られます．

1950年代後半にフィリップス社などで高シス-BRが開発され，ファイアストーン社により低シス-BRが開発されました．

広い温度範囲にわたり優れた弾性をもち，耐摩耗性にも優れ，SBRにつぐ汎用ゴムとして用いられています．

タイヤ，工業用品，ゴルフボールなどに用いられ，タイヤに半分以上が用いられています．

(c) イソプレンゴム IR

イソプレンのシス型のシス-1,4-イソプレンを重合した高分子です．

$$n[\text{CH}_2=\underset{\underset{\text{CH}_3}{|}}{\text{C}}-\text{CH}=\text{CH}_2] \longrightarrow \text{ }\!\!+\!\!\text{ CH}_2-\underset{\underset{\text{CH}_3}{|}}{\text{C}}=\text{CH}-\text{CH}_2\!\!+\!\!\text{}_n$$

(イソプレン → ポリイソプレン)

天然ゴムがシス-1,4-ポリイソプレンであることから，その合成法が研究され，1950年代になってチーグラー系触媒（四塩化チタン・有機アルミニウムなど）で合成できることが発見され，工業化

されました.

イソプレンはナフサの熱分解の際の C_5 留分からの回収が主たるものですが,イソブチレンなどから合成する方法もあります.

イソプレンの重合は,SBR などの溶液重合法と同様の方法で,チーグラー系触媒やアルキルリチウム触媒を用いて溶液重合により行われます.

IR は天然ゴムを合成したもので,天然ゴムに近い性質を示しますが,シス含量,非ゴム成分の有無などで多少の違いもみられます.天然ゴムに比べ引張強度は多少劣りますが,不純物が少ないので吸水性や電気特性に優れています.

汎用ゴムとしてタイヤなどに用いられます.

(d) ブチルゴム IIR

イソブチレンと少量のイソプレンを共重合させたイソブチレン・イソプレン共重合体です.

$$n\begin{bmatrix} \text{イソブチレン} \\ CH_2=C\begin{matrix} CH_3 \\ CH_3 \end{matrix} \end{bmatrix} \\ m\begin{bmatrix} \text{イソプレン} \\ CH_2=\overset{CH_3}{\underset{|}{C}}-CH=CH_2 \end{bmatrix} \Biggr\} \longrightarrow \begin{matrix} \text{イソブチレン・イソプレンコポリマー} \\ \left[CH_2-\overset{CH_3}{\underset{CH_3}{\underset{|}{C}}} \right]_n \left[CH_2-\overset{CH_3}{\underset{|}{C}}=CH-CH_2 \right]_m \end{matrix}$$

イソブチレンに数パーセントのイソプレンを混合し,溶媒にメチルクロライドを用い,触媒に塩化アルミニウムを用い,低温でスラリー状態で重合させます.エクソン社で開発されたものです.

IIR に塩素や臭素を少量添加し,接着性や加硫特性を改良したハロゲン化 IIR も製造されています.

不飽和度が低いため,耐候性,耐熱性,耐薬品性が良好です.またメチル基が主鎖を取り囲み,主鎖の運動性を阻害するため気体透過性,反発弾性がゴムの中で最も低い特徴をもちます.これらの特

徴から自動車のタイヤチューブ,振動吸収材,ルーフィングなどに重要な材料となっています.

欠点としては,不飽和度が低いために加硫速度が遅いこと,他のポリマーや金属との接着性が悪いことがあげられます.これらを改良するためにハロゲン化ブチルゴムが開発されているものです.

IIR の大部分は自動車および自転車のタイヤチューブ,インナーライナーに用いられ,そのほか防振ゴム,防水シート,電線被覆などに用いられます.

(e) エチレン・プロピレンゴム EPDM

エチレン・プロピレン,ジエン類(シクロペンタジエンなど)を共重合させた三元共重合体です.エチレンとプロピレンだけを共重合させたのでは普通の加硫法で加硫できる不飽和結合が残存しないので,少量の第 3 成分を共重合させたものです.

触媒に塩化バナジウムなどと有機アルミニウムを組み合わせたチーグラー型触媒を用い,ヘキサンなどの炭化水素溶媒を加えて溶液重合法により共重合させます.

$$\left.\begin{array}{l}\text{エチレン}\\n[\text{CH}_2=\text{CH}_2]\\ \text{プロピレン}\\n[\text{CH}_2=\text{CH}-\text{CH}_3]\\ \text{シクロペンタジエン}\\m\begin{bmatrix}\text{CH}\\ \|\\ \text{CH}\\ | \\ \text{CH}\end{bmatrix}\begin{matrix}\text{CH}-\text{CH}\\ \\ \text{CH}\\ \text{CH}_2\end{matrix}\end{array}\right\} \longrightarrow \left[\begin{matrix}\text{CH}_2-\text{CH}_2-\text{CH}_2-\text{CH}-\text{CH}-\text{CH}\\ \text{CH}_3\text{CH}-\text{CH}_2-\text{CH}\\ \text{CH}\text{CH}_2\\ \text{CH}=\text{CH}\end{matrix}\right]_n$$

現在のような EPDM が工業化されたのは 1962 年ごろです.

EPDM は主鎖に二重結合を含まないため,ジエン系ゴムに比べて耐熱性,耐候性に優れています.

自動車部品にはバンパー,ラジエーターホース,ファンベルト,

ウェザーストリップなど広く用いられるほか，建築用材としてルーフィング，工業用品として電線被覆，シール類に用いられます．

（f） その他の合成ゴム（特殊合成ゴム）

汎用ゴム以外の特殊ゴムの代表的なものをあげます．

① クロロプレンゴム CR

クロロプレンの乳化重合によってつくられ，ネオプレンとも呼ばれています．

$$n[CH_2=\underset{Cl}{C}-CH=CH_2] \longrightarrow +CH_2-\underset{Cl}{C}=CH-CH_2+_n$$

クロロプレン　　　　　　　　　ポリクロロプレン

熱・光・酸素に対する耐劣化性に優れ，難燃性です．

電線被覆，耐油ホース，エンジンのガスケット，コンベアベルトなどに用いられます．

② アクリロニトリル・ブタジエンゴム（ニトリルゴム）NBR

アクリロニトリルとブタジエンの乳化共重合によりつくられます．

$$\left.\begin{array}{l}\text{アクリロニトリル}\\n[CH_2=CHCN]\\\text{ブタジエン}\\m[CH_2=CH-CH=CH_2]\end{array}\right\} \longrightarrow \left[CH_2-\underset{CN}{CH}\right]_n\left[CH_2-CH=CH-CH_2\right]_m$$

アクリロニトリル・ブタジエンコポリマー

NBR は SBR とほぼ同時期に開発された歴史のある合成ゴムですが，タイヤに使われる汎用ゴムでないので需要量は多くありません．

NBR の特徴は耐油性，耐摩耗性で，いずれもニトリル含量の増大とともに増加する反面，弾性，耐寒性，加工性が低下します．普通，アクリロニトリル含量は 15〜50％ です．

油用ホース，ガスケット，パッキン，印刷ロール，紡績用ゴムロールなどに用いられます．

引 用 文 献

1) 川村幸雄（2004）：ペトロテック（石油学会），Vol. 27, No. 8, p. 663
2) 石油化学工業協会（2009）：石油化学工業の現状　2009 年，p. 4〜5
3) 重化学工業通信社（2008）：日本の石油化学工業　2009 年版，p. 5
4) 文献 2），p. 13
5) 文献 2），p. 14
6) 文献 2），p. 15
7) 小川俊夫（1995）：高分子材料入門，p. 111, 共立出版
8) 堤文雄（1997）：ペトロテック（石油学会），Vol. 20, No. 7, p. 588

参　考　文　献

● **1 章**
[1] 肱岡靖明（2009）：サステナ（サステナビリティ学連携研究機構），2009, No. 12, p. 27
[2] 小宮山宏（2009）：読売新聞, 2009.10.16 朝刊, 読売新聞社
[3] 池原照雄（2009）：日経ビジネス・オンライン, 2009.10.1, 日本経済新聞社
[4] 本村眞澄（2005）：石油学会資源講演会, 2005, p. 10, p. 30
[5] 永田安彦（2007）：石油学会資源講演会, 2007, p. 26
[6] 石油天然ガス・金属鉱物資源機構調査部（2009）：石油資源の行方, p. 44, コロナ社
[7] 野神隆之（2008）：ペトロテック（石油学会），Vol. 31, No. 8, p. 585
[8] 松永健司（2008）：自動車技術, Vol. 62, No. 8, p. 18

● **2 章**
[9] 浅川忠, 藤田喜彦, 相場淳一（1982）：新石油事典（石油学会）, p. 74, p. 78, p. 85, 朝倉書店
[10] 石油鉱業連盟（1993）：石油開発のしおり
[11] 石油化学協会（2009）：石油化学工業の現状　2009 年, p. 15

● **3 章**
[12] 小西誠一（1991）：燃料工学概論, p. 76, 裳華房
[13] 日本規格協会（2009）：JIS ハンドブック　石油
[14] JIS K 2249 : 1995　原油及び石油製品―密度試験方法及び密度・質量・容量換算表
[15] JIS K 2254 : 1998　石油製品―蒸留試験方法
[16] JIS K 2265-1 : 2007　引火点の求め方―第 1 部：タグ密閉法
[17] JIS K 2265-2 : 2007　引火点の求め方―第 2 部：迅速平衡密閉法
[18] JIS K 2265-3 : 2007　引火点の求め方―第 3 部：ペンスキーマルテンス密閉法
[19] JIS K 2265-4 : 2007　引火点の求め方―第 4 部：クリーブランド開放法
[20] JIS K 2269 : 1987　原油及び石油製品の流動点並びに石油製品曇り点試験方法
[21] JIS K 2270 : 2000　原油及び石油製品―残留炭素分試験方法
[22] JIS K 2279 : 2003　原油及び石油製品―発熱量試験方法及び計算による

推定方法
- [23] JIS K 2280:1996　石油製品—燃料油—オクタン価及びセタン価試験方法並びにセタン指数算出方法
- [24] JIS K 2283:2000　原油及び石油製品—動粘度試験方法及び粘度指数算出方法

● 4章

- [25] 石油天然ガス金属鉱業資源機構調査部（2009）：石油資源の行方，p. 26, p. 31〜35, p. 44, p. 156〜169, コロナ社
- [26] 榎本兵治ほか（2006）：ペトロテック（石油学会），Vol. 30, No. 1, p. 4
- [27] 高橋明久（2006）：ペトロテック（石油学会），Vol. 29, No. 8, p. 585
- [28] 田中彰一，竹田幸平（1982）：新石油事典（石油学会），p. 120, 朝倉書店
- [29] 石油天然ガス金属鉱業資源機構調査部（2009）：石油資源の行方，p. 62, p. 69, p. 86, p. 99, コロナ社
- [30] 高橋利宏（2004）：ペトロテック（石油学会），Vol. 27, No. 8, p. 634

● 5章

- [31] 石油学会（1998）：石油精製プロセス，p. 84, p. 196
- [32] 中村良（2008）：ペトロテック（石油学会），Vol. 31, No. 11, p. 875, p. 877
- [33] 濱田玲（2008）：ペトロテック（石油学会），Vol. 31, No. 11, p. 868
- [34] 永松茂樹（2006）：ペトロテック（石油学会），Vol. 29, No 11, p. 837
- [35] 小西誠一（1991）：燃料工学概論，p. 38, 裳華房

● 6章

- [36] 高塚透（2002）：ペトロテック（石油学会），Vol. 25, No. 9, p. 687
- [37] 渋谷昌彦（2004）：ペトロテック（石油学会），Vol. 27, No. 4, p. 321
- [38] 古関恵一，大森啓朗（2004）：ペトロテック（石油学会），Vol. 27, No. 6, p. 477
- [39] 広瀬正典（2007）：ペトロテック（石油学会），Vol. 30, No. 1, p. 60
- [40] 鈴木昭雄，赤坂行男（2008）：ペトロテック（石油学会），Vol. 31, No. 4, p. 255
- [41] 鈴木昭雄，赤坂行男（2008）：ペトロテック（石油学会），Vol. 31, No. 5, p. 323
- [42] 土屋武大（2007）：ペトロテック（石油学会），Vol. 30, No. 10, p. 716
- [43] 小西誠一（1991）：燃料工学概論，p. 107, 裳華房

[44]　日本規格協会（2009）：JISハンドブック　石油
[45]　JIS K 2261：2000　石油製品—自動車ガソリン及び航空燃料油—実在ガム試験方法—噴射蒸発法
[46]　JIS K 2287：1998　ガソリン—酸化安定度試験方法—誘導期間法
[47]　JIS K 2288：2000　石油製品—軽油—目詰まり点試験方法
[48]　JIS K 2513：2000　石油製品—銅板腐食試験方法
[49]　JIS K 2537：2000　石油製品—灯油及び航空タービン燃料油—煙点試験方法

● **7章**

[50]　石油化学工業協会（2009）：石油化学工業の現状　2009年
[51]　重化学工業通信社（2008）：日本の石油化学工業　2009年版, p. 4
[52]　小川俊夫（1995）：高分子材料入門, p. 12, p. 14, p. 43, p. 110, p. 111, 共立出版
[53]　山下雄也（1995）：高分子合成化学, p. 5, 東京電機大学出版局
[54]　安孫子寿朗ほか（1996）：新石油事典（石油学会）, p. 518, 朝倉書店
[55]　川村幸雄（1996）：ペトロテック（石油学会）, Vol. 19, No. 9, p. 725
[56]　植村明夫（1996）：ペトロテック（石油学会）, Vol. 19, No. 11, p. 916
[57]　正和彦（1996）：ペトロテック（石油学会）, Vol. 19, No. 12, p. 58
[58]　中村栄太郎（1997）：ペトロテック（石油学会）, Vol. 20, No. 1, p. 34
[59]　寺西清（1982）：新石油事典（石油学会）, p. 594, p. 606, p. 609, 朝倉書店
[60]　鈴木弘（1997）：ペトロテック（石油学会）, Vol. 20, No. 2, p. 163

索　　引

【あ行】

RFCC　　118
IEA　　13, 56
ISO 規格　　69
IPCC　　13, 14, 15
アルキル化　　129
　——ガソリン　　121, 129
アルキレーション　　129
アルキレートガソリン
　　　　　　　　　129, 138
アンチノック性　　72
EOR　　106
　——法　　108
ETBE　　133
一次エネルギー　　11, 50
一次回収　　100
引火点　　71
AS 樹脂　　173
API　　82
　——度　　70, 82
ABS 樹脂　　173, 175
エコカー　　25
SAGD 法　　83
HIPS 樹脂　　175
FAME　　135
FCC　　118, 127
MS 樹脂　　173
MWD システム　　95

LNG　　52
LP ガス　　136
塩化ビニル樹脂　　175
エンジニアリングプラスチック
　　　　　　　　　177
煙点　　145
　——試験　　142
オイルサンド　　82, 83
オイルシェール　　82, 85
OECD　　13, 29
OPEC　　20, 46
オクタン価　　72
オリノコタール　　82, 84
オルタネイティブコポリマー
　　　　　　　　　161
温暖化　　13
　——防止　　9

【か行】

改質ガソリン　　121
塊状重合法　　173
確認可採埋蔵量　　18, 77
確認埋蔵量　　18
可採年数　　18, 78
可採埋蔵量　　18, 77, 78
ガス攻法　　106
ガスリフト採油　　100
ガラス転移　　164
　——温度　　162, 164

乾式紡糸　181
間接脱硫　125
気候変動に関する政府間パネル　13
気候変動枠組条約　14
気相法　169
究極可採埋蔵量　18, 78
凝固点　71
共重合体　161
強制規格　131
京都議定書　14
グラフト共重合体　161
グラフトコポリマー　161
クリスマスツリー　95, 98
軽質原油　67
軽質留分　54, 57
傾斜掘り　96
ケーシングパイプ　95
ケミカル攻法　107
ケロジェン　36, 37
　——根源説　36
ケロシン　140
原始埋蔵量　77
懸濁重合法　173, 176
孔隙率　42
交互共重合体　161
合成原油　84
高分子　160
高密度ポリエチレン　169
コーキング法　119
国際エネルギー機関　56
国際石油会社　45
コポリマー　161

ゴム状領域　164, 190
根源岩　40
混合基原油　67

【さ行】

最終消費エネルギー　11, 54
サッカーロッドポンプ　99
三次回収　108
　——法　106
3大繊維　179
残油流動接触分解　118
残留炭素分　72, 150
CRC　74
CFR　74
CTL　26, 27
GTL　26, 27
資源量　77
JIS　69, 131
自然着火温度　72
湿式紡糸　181
自噴採油　100
自噴井　99
ジャケット型　101
ジャッキアップ型　101
重質原油　67
重質留分　54, 57
熟成　36, 38
蒸留試験　70
蒸留性状　70, 139
新エネルギー　10
人工採油　99
浸透率　42
深度脱硫　120

水攻法　　105
水素化脱硫法　　124
水平掘り　　96
スラリー法　　169
精留塔　　122
析出点　　145
石油輸出国機構　　20
セタン価　　72, 73
セタン指数　　73, 148
接触改質ガソリン　　129, 138
接触改質法　　127
接触分解ガソリン　　126, 138
接触分解法　　125
セミサブマージブル型　　101, 103
線状コポリマー　　162
続成作用　　36

【た行】

ターボドリル　　97
堆積盆地　　35, 37, 42
ダイナドリル　　97
ダウンホールモータ　　97
WTI原油　　21
窒素酸化物　　134
着火性　　148
チュービング　　98
　——パイプ　　95
中間留分　　54, 57
中質原油　　67
超深度脱硫　　48, 120
直接脱硫　　125
直留ガソリン　　121, 138

貯留岩　　35, 41
ディーゼルノッキング　　73
泥水循環機構　　94
DPS　　101
低密度ポリエチレン　　169
テンション・レグ・プラットフォーム　　103
動粘度　　71
特殊ゴム　　191, 196
ドバイ原油　　21
トラップ　　41, 43
ドリルシップ型　　101

【な行】

ナイロン6　　184
ナイロン66　　184
ナフサ　　115
ナフテン基原油　　67
二次エネルギー　　11, 54
二次回収法　　105
乳化重合法　　173, 176
ニューヨーク商品取引所　　21
熱可塑性　　163
　——樹脂　　162
熱硬化性樹脂　　162, 164, 179
熱攻法　　106
粘弾性　　165
粘度　　71
ノッキング　　72

【は行】

バイオエタノール　　26, 133
バイオディーゼル　　26, 135

背斜構造　42
ハイブリッド車　24
発熱量　74
パラフィン基原油　67
汎用ゴム　191
汎用樹脂　166
PM　134
非OECD　29
非在来型石油　81
比重　70
ビスブレーキング法　119
ビチューメン　83
ビット　90, 92
標準燃料　73, 74
品確法　131, 133, 135
プレミアムガソリン　139
ブロック共重合体　161
ブロックコポリマー　161
分解ガソリン　121
ベントサブ　96
帽岩　35, 42
防噴機構　94
ボトムレス　117
ポリ塩化ビニル　175
ポリスチレン　174
ポンプ採油　100

【ま行】

埋蔵量成長　18, 77, 80
ミシブル攻法　108
密度　70
未発見埋蔵量　78
メジャー　45
目詰まり点　148

【や行】

有機高分子　160
溶液重合法　176
溶液法　169
溶剤抽出法　159
溶融紡糸　181

【ら行】

ラテックス　189, 190
ランダム共重合体　161
ランダムコポリマー　161
リグ　101
流動接触分解　127
　　──方式　118
流動点　71, 148
ルミノメーター数　145
レギュラーガソリン　139
ロータリー式掘削方式　92

小西　誠一 (こにし　せいいち)

1953 年　東京大学工学部卒業，丸善石油(株)中央研究所勤務
1972 年　工学博士
1973 年　丸善石油(株)中央研究所副所長
1973～1974 年　大阪大学工学部非常勤講師
1977 年　丸善石油(株)環境安全部長
1983 年　防衛大学校応用化学科教授(燃料化学)
1993 年　防衛大学校定年退官

現在は，エネルギー・環境問題アナリスト．大学定年退官後，石油連盟の工業標準原案作成委員会，その他，経済産業省などから委託のエネルギー問題，環境問題の調査委員会・検討委員会の委員長，座長を随時つとめている．

主な著書：燃料工学概論(裳華房)，潤滑油の基礎と応用(コロナ社)，地球の破産(講談社，ブルーバックス)，エネルギーのおはなし(日本規格協会)など．

石油のおはなし　改訂版
―その将来と技術―

定価：本体 1,600 円（税別）

1999 年 5 月 28 日　　　第 1 版第 1 刷発行
2010 年 3 月 8 日　　　改訂版第 1 刷発行

著　者　小西　誠一
発行者　田中　正躬
発行所　財団法人 日本規格協会

〒107-8440　東京都港区赤坂 4 丁目 1-24
http://www.jsa.or.jp/
振替　00160-2-195146

印刷所　株式会社 平文社

© Seiichi Konishi, 2010　　　　　　　　Printed in Japan
ISBN978-4-542-90286-2

当会発行図書，海外規格のお求めは，下記をご利用ください．
　出版サービス第一課：(03)3583-8002
　書店販売：(03)3583-8041　　注文 FAX：(03)3583-0462
　JSA Web Store：http://www.webstore.jsa.or.jp/
編集に関するお問合せは，下記をご利用ください．
　編集第一課：(03)3583-8007　　FAX：(03)3582-3372
● 本書及び当会発行図書に関するご感想・ご意見・ご要望等を，
　氏名・年齢・住所・連絡先を明記の上，下記へお寄せください．
　　e-mail：dokusya@jsa.or.jp　　FAX：(03)3582-3372
　（個人情報の取り扱いについては，当会の個人情報保護方針によります．）

おはなし科学・技術シリーズ

クリーンエネルギー社会のおはなし
吉田邦夫 著
定価 1,680 円(本体 1,600 円)

燃料電池のおはなし 改訂版
広瀬研吉 著
定価 1,470 円(本体 1,400 円)

ソーラー電気自動車のおはなし
藤中正治 著
定価 1,426 円(本体 1,359 円)

水素吸蔵合金のおはなし 改訂版
大西敬三 著
定価 1,365 円(本体 1,300 円)

石油のおはなし 改訂版
小西誠一 著
定価 1,680 円(本体 1,600 円)

熱エネルギーのおはなし
高田誠二 著
定価 1,260 円(本体 1,200 円)

エネルギーのおはなし
小西誠一 著
定価 1,630 円(本体 1,553 円)

超電導のおはなし
田中昭二 著
定価 1,325 円(本体 1,262 円)

宇宙開発のおはなし
山中龍夫・的川泰宣 共著
定価 1,630 円(本体 1,553 円)

クリーンルームのおはなし 改訂版
環境科学フォーラム 編
定価 1,785 円(本体 1,700 円)

室内空気汚染のおはなし
環境科学フォーラム 編
定価 1,470 円(本体 1,400 円)

快適さのおはなし
宮崎良文 編著
定価 1,155 円(本体 1,100 円)

おはなし生理人類学
佐藤方彦 著
定価 1,890 円(本体 1,800 円)

水のおはなし
安見昭雄 著
定価 1,365 円(本体 1,300 円)

微生物のおはなし
山崎眞司 著
定価 1,732 円(本体 1,650 円)

五感のおはなし
松永 是 著
定価 1,260 円(本体 1,200 円)

湿度のおはなし
稲松照子 著
定価 1,575 円(本体 1,500 円)

温度のおはなし
三井清人 著
定価 1,260 円(本体 1,200 円)

JSA 日本規格協会　　http://www.jsa.or.jp/

おはなし科学・技術シリーズ

バイオセンサのおはなし
相澤益男 著
定価 1,223 円(本体 1,165 円)

おはなしバイオテクノロジー
松宮弘幸・飯野和美 共著
定価 1,325 円(本体 1,262 円)

酵素のおはなし
大島敏久・左右田健次 共著
定価 1,680 円(本体 1,600 円)

農薬のおはなし
松中昭一 著
定価 1,365 円(本体 1,300 円)

塗料のおはなし
植木憲二 著
定価 1,365 円(本体 1,300 円)

接着のおはなし 改訂版
永田宏二 著
定価 1,470 円(本体 1,400 円)

触媒のおはなし
植村 勝・上松敬禧 共著
定価 1,732 円(本体 1,650 円)

化学計測のおはなし 改定版
間宮眞佐人 著
定価 1,260 円(本体 1,200 円)

コンクリートのおはなし 改訂版
吉兼 亨 著
定価 1,575 円(本体 1,500 円)

エコセメントのおはなし
大住眞雄 著
定価 1,050 円(本体 1,000 円)

液晶のおはなし
竹添秀男 著
定価 1,575 円(本体 1,500 円)

不織布のおはなし
朝倉健太郎・田渕正大 共著
定価 1,680 円(本体 1,600 円)

生分解性プラスチックのおはなし
土肥義治 著
定価 1,426 円(本体 1,359 円)

ファインセラミックスのおはなし
奥田 博 著
定価 1,029 円(本体 980 円)

複合材料のおはなし 改訂版
小野昌孝・小川弘正 共著
定価 1,575 円(本体 1,500 円)

ニューガラスのおはなし
作花済夫 著
定価 1,223 円(本体 1,165 円)

分離膜のおはなし
大矢晴彦 著
定価 1,325 円(本体 1,262 円)

ゴムのおはなし
小松公栄 著
定価 1,426 円(本体 1,359 円)

JSA 日本規格協会　http://www.jsa.or.jp/